发现你的天赋潜能，突破自我，成就人生梦想！

——袁翊杰

袁翊杰在2017（第十六届）中国企业领袖年会活动现场

袁翊杰培训现场（一）

袁翊杰培训现场（二）

发现你的天才

袁翊杰◎著

北京工业大学出版社

图书在版编目（CIP）数据

发现你的天才 / 袁翊杰著. —北京：北京工业大学出版社，2020.9

ISBN 978-7-5639-7139-8

Ⅰ.①发… Ⅱ.①袁… Ⅲ.①成功心理 – 通俗读物 Ⅳ.① B848.4–49

中国版本图书馆 CIP 数据核字（2020）第 018063 号

发现你的天才
FAXIAN NI DE TIANCAI

著　　者：袁翊杰
责任编辑：石嬿飞
封面设计：国风设计
出版发行：北京工业大学出版社
　　　　　（北京市朝阳区平乐园 100 号　邮编：100124）
　　　　　010-67391722（传真）　bgdcbs@sina.com
经销单位：全国各地新华书店
承印单位：北京飞帆印刷有限公司
开　　本：710 毫米 ×1020 毫米　1/16
印　　张：13
字　　数：186 千字
版　　次：2020 年 9 月第 1 版
印　　次：2020 年 9 月第 1 次印刷
标准书号：ISBN 978-7-5639-7139-8
定　　价：39.80 元

前　言

　　每个人都有一定的天赋，只是有的人发现并充分开发了，而有的人却从来没有去发掘。

　　全球知名天赋与优势专家盖洛普公司创始人唐纳德·克里夫顿博士对天赋这样解释：天赋是每个个体自然而然反复出现、可被高效利用的思维模式，感受或行为。这种模式、感受或行为常常可以产生正向的结果和收益。

　　可见，天赋并不像人们想象的那样难以企及。甚至可以说，每个人都有属于自己的天赋，或是某种思维模式，或是某种感受，更或是某种行为。在你开始阅读本书之前，请你坚定这样的信念：我比自己想象中要更伟大。

　　本书的创作旨在帮助每一个渴望成功的人快速发现自己的天才，并指导你如何把天才转化成优势，进而走向成功。

　　本书以作者的亲身经历打开发现天才的大门。

　　第一章至第六章，介绍了作者如何从一无是处、一穷二白的农村小伙子成长为万人瞩目的潜能激发导师，实现自己的梦想。

　　你想成为什么样的人，你就将成为什么样的人。一个从一开始就立志改变世界的人，绝对不会平庸地度过一生。而一个只知浑浑噩噩度日，却从未想过自己的人生目标的人，必然难成大器。所以，作者向成功主动迈出的第一步就是：明确自己的目标，决定自己要成为什么样的人。

你为目标付出多大的努力，你就将收获多大的成功。人总是很容易画地为牢，自我局限。很多时候，你会告诉自己：我已经尽力了，我已经无能为力了……事实上，你可能只是使出了三分力，剩下的七分力都被隐藏在身体里。之所以没有被发掘，就是因为你的自我设限，不愿意再继续尝试，付出更大的努力。当你突破自我，咬紧牙关再拼一把，你会发现自己比想象中更加强大。最重要的是，一旦这些潜能的开关被打开，你就会感觉自己充满了获取成功的力量。所以，作者向成功迈出的第二步是：突破自我，发掘潜能，努力到倾其全力。

正是因为亲身经历了这一切，所以当作者实现梦想的那一刻，开始意识到自己只是芸芸众生中最普通的那个人，如果自己都可以成功实现梦想，任何人都可以！所以作者怀着感恩之心去分享自己的成功经验，立志帮助更多人打开潜能开关，实现自己的梦想。

第七章，通过中外成功者的故事，告诉读者"发现天才是成功的开始"。每个人只要发现了自己的天才，就能为自己找到努力的正确方向，再付出极致的努力将天才发挥到极致，他就一定能够取得成功。

第八章，介绍了发现天赋的一些技巧。要发掘自己的天才首先要筛选爱好、突破自我设限的障碍，还要在不断尝试中发现自己的优势、放大优势。由此，你才能真正握住打开自己天才潜能的钥匙。

第九章，强调了努力对天赋的重要性，并介绍了正确努力的方法。天赋只有被发挥出来，转化成正确的结果才是有用的。否则，一个人越觉得自己拥有天赋越有可能故步自封，难以进步。只有那些专注于自己的天赋领域，全力以赴去努力的人，才能站在自己天赋的肩膀上获得更大成功。

任何一个人都有缺点和优点。我们不可能把自己的缺点全部改掉，那就尽量放大自己的优点，找到自己的天赋。只要你能够在自己的天赋领域花10000个小时，你就可以成为这个领域的顶尖人物。希望本书能够帮助你树立这样的信心。同时，也希望在本书的帮助下你能够发现自己的天赋，并且在自己的天赋领域付出极致的努力，实现梦想！

目　录

第九章　专注天才，全力以赴

第一章

穷到极限的人生

穷人的孩子早立志。我出生在一个穷得不可思议的家庭中，这让我在6岁的时候就立志要走出大山，要改变家庭贫困的状况！然而，对于没有资源、没有学历的我来说，走出大山的日子更不好过。我玩命地工作，还经常饿肚子。但是，这段穷到极限的人生经历却磨炼了我的意志，让我在之后的人生路上，不管遇到多大的困难都能勇往直前，因为有一句话说得好：合理的要求是训练，不合理的要求是磨炼。

穷得不可思议的家庭

1988年我出生在贵州省施秉县茶园村，一个贫穷而又落后的小村庄，一切都从这里开始。

你有不甘心吗？你是否曾想过改变家族命运？改变更多的人的命运让别人的生命亮起来？你是否和我一样不管情况有多么艰难，不管希望有多么渺茫，从未放弃过，从未动摇过？

贫穷的思想比贫穷的出身更可怕，所以我从小就有一个梦想——走出这片大山区，去创造想要的生活。出身贫穷是创业者底子的硬伤，但同时也是他们最珍贵的精神财富。

小时候，我们家很穷。俗话说，穷得叮当响。而我家是"穷得连个叮当都没有"，白水泡玉米、土豆填饱肚子的场景是一种常态。父母亲都是非常朴实、普普通通的农民。母亲从没有读过书，从未进入过学堂，到目前为止连自己的名字都不会写；父亲小学二年级还没有毕业。所以，他们没办法用知识改变命运，就只能守着家里单薄的七分地，盼着收成好一点，一年能让家里的锅里有粮就算是丰收的一年。

在整个茶园村60多户村民中，我家是属于垫底的。父亲、母亲、大哥、二哥以及我，五口人都指望着父亲1980年分田到户的七分地的收成糊口。因为家里地少人多，再加上当地粮食产量低，所以家里经常"闹饥荒"，在我的记忆中，家里的米缸时常空空如也。

袁翊杰少年时期所住的房子

少年的我，九岁才上一年级。一是因为家境贫寒，交不起学费；二是因为交通不便，翻山越岭才能到学校。

每次看到村里的同伴背着书包去上学，我的内心对读书就充满极度的渴望。

正像歌曲《父亲》中所唱的："总是向你索取却不曾说谢谢你，直到长大之后才懂得你不容易。"还记得小学一年级的时候，刚过完春节，父亲带我去水稻田里干活。我坐在田埂上看着父亲赶着牛在水稻田里深一脚浅一脚地前行，我就想："难道这就是我以后的人生吗？我可不想像父亲这样生活一辈子！"耕到一半的时候，父亲说地里有树杈耽误他耕田，但是父亲牵着牛不太好捡，我就把裤子一卷，鞋一脱，去捡树杈了。当我的脚下到水稻田，踩到水里面的时候，我感到全身都冰冷而刺骨。我只看到父母亲在田里劳作的辛苦，却从未想过他们还要忍受这种刺骨的冰凉。我抬头问父亲："爸，你不觉得这个水很凉吗？"父亲微微一笑。父母的微笑就是无声的回答。他没有的选择，

袁翊杰小时候生活的村庄

不管水有多冰冷而刺骨，他都必须赤脚下去耕田，否则来年就有可能没有收成。虽然当时我才九岁，但那时关于"走出大山，改变家族命运"的想法已经在我的内心中变得非常清晰而强烈了。孟子说："故天将降大任于斯人也，必先苦其心志，劳其筋骨，饿其体肤，空乏其身，行拂乱其所为，增益其所不能也。"

为了一家人的生计，父母非常辛苦，导致身体每况愈下。从我很小的时候开始，母亲的身体就不太好，经常生病。16岁那年，母亲生了一场大病。由于学校离家很远，我走了一天的山路才回到家。刚到家我就看到有巫婆在帮母亲治病，几天耽误下来，母亲的病情更加重了。我就跟父亲说，必须要送母亲去医院！但是家里没有钱，唯有的家产就是少量的稻谷。父亲想把稻谷卖掉换钱给母亲看病，但一时半会儿要把稻谷变成现金，在这么偏僻的地方也是不可能的。所以，父亲只能找别人借钱。父亲几乎问了村子里所有的人家，都没有人愿意借钱给我们。俗话说："穷在闹市无人问，富在深山有远亲。"看到母亲的病情越来越严重，父亲找到村子里比较富裕的一家人，苦苦哀求："你能不能借300元钱给我？"之后，父亲又"扑通"跪在地上，但那家人还是不愿意借。无奈之下，父亲拿500斤稻谷做抵押，并且承诺只要他们愿意借钱给我们，稻谷我们可以不要了，以后等我们有钱了还是会把这300元还给他们的。就这样，那家人才勉强把钱借给了我们。300元，300元对一般人来说可能并不多，但当时对我们家来说却是能够救母亲命的钱！从那一刻我便明白了，男人不是膝下有黄金，而是肩上有黄金。当你学会面对生活的困难和挑战的时候，所有的挫折都会给你让路的。

这次父亲的做法也让我学到了很多。在我后来创业路途中遇到任何困难和挫折时，我都会像父亲一样担起责任。这对我一生的影响都非常大。

借到钱之后，我们带着母亲走了三个小时的路才坐上车去医院。到达县城，因为没有钱很多医院还不接收。最后好不容易找到一家医院愿意接收，需要紧急治疗。当时，医生说如果再晚送医院一天的话，可能就不好治疗了，后果会很严重。

俗话说，没啥别没钱，有啥别有病。300元钱很快就用完了，医院催着我们出院，但母亲的病刚刚好转。父亲就哀求医生多宽限几天，他想办法筹钱。直到今天，父亲哀求医生的场景依然让我记忆犹新。

母亲生病的经历再一次深深地刺痛了我，我哭着对自己承诺：一定要成功，一定要摆脱贫穷的命运！当时我做了三个决定。

第一个决定：从现在开始我要放弃读书的机会，我要在经济上为家庭做出贡献。我决定踏出家门走出大山，出去找份好工作挣到更多的钱。我不能让这种痛苦在家里持续得太久！我不能让这种痛苦再次发生！

第二个决定：如果有一天我创业成功，我要回来做慈善，回馈我的家乡，因为一个懂得感恩和报恩的人才能够走得更远。

第三个决定：我要成为自己家族的骄傲。未来十年，我要把自己创业成功的故事拍成一部励志电影，让更多的人看到我的人生故事，以此来激励更多的人，点亮更多人的生命。

我曾经没有任何的自信，因为自己出生在贫穷而又落后的贵州大山中，因为自己的父母没有文化，也没有任何的经济来源，只能靠务农生活了大半辈子。我没有资金、人脉，也没有任何的背景，还没有学历，更没有一技之长，极度没有自信。曾经没有任何人看好我，没有任何人觉得我能够成功。因为我什么都没有，我自己也常常不看好自己，甚至讨厌自己，觉得处处都不如别人。后来我还患有严重的社交恐惧症，甚至很多时候连抬头看别人的勇气都没有。

我没有忘记自己曾经是贵州大山里的放牛娃；我没有忘记自己曾经上学来回要走五个小时的山路；我没有忘记因为家里没有背景，家人被别人欺负，有理说不清的场景；我没有忘记因为没有一技之长找不到工作，只能睡在火车

袁翊杰与家人合影

站广场的经历；我没有忘记自己曾经是路边摊的小贩，一个晚上被城管追打9次，鞋都跑掉了；我没有忘记自己曾经是KTV（配有卡拉OK和电视设备的包间）刷马桶的服务员，每天都过着一种"倒"的生活——倒垃圾、倒烟灰缸和道歉；我更没有忘记自己曾经因为不懂销售，连续九个半月没有业绩，没钱交房租而被房东赶出家门，凌晨四点一个人睡在桥底下的场景。然而，也正是这些苦难成就了今天的我。我没有想到自己今天能坐上头等舱的位置到全世界去演讲，这一切的转变都源于我内心的渴望和不服输的精神，终有一天，你的渴望也会点燃你的天才，成就不一样的你！

难忘的172元路费

2006年，当时我18岁。青涩的我应该和村里其他的同伴一样在学校里度过每一个美好的时光，却因为家里没钱交学费而被迫辍学。但我并没有因此气馁，反而对未来充满期待。我极度渴望能用自己微薄的力量赚到一些钱为家里减少些负担，因此，放弃学业外出工作的想法非常强烈。

2007年，当时我19岁。元宵节这天，天还没有亮，我就被母亲从睡梦中叫醒。天特别冷，还下着毛毛细雨。母亲把我叫到她身边，从她的裤兜里拿出了用布包裹着的一个袋子。她打开了一层，二层，三层，打开第四层后我看到里面装着172元钱。母亲用那双布满老茧的手颤颤巍巍地捧着伸到我的面前，慈祥而又疲惫地看着我，轻声地说："儿子，这是给你的路费，你也别嫌少。这是昨天晚上我背着你爸把家里的七只老母鸡卖掉得来的钱，这是我们家全部的家当，一共是172元钱，给你做路费。"

满头白发、一脸憔悴的母亲把那172元钱放在我手里的时候，我就像拿着母亲的命一样沉重。当时我非常不想要这个钱，但是，我能感受到这172元钱里面凝聚着母亲深深的希望与期待，我要拿着这个钱去开启拼搏的人生，去完成我的梦想。

我原本以为母亲会对我说："儿子，你一定要好好地打拼，一定要成功，一定要有钱。"但是母亲并没有跟我说这些。她只说了一句："儿子，你出去要好好做人。"这就是一个母亲最朴实的希望，她不希望你有多么成功，只希望你能好好地做人，"你拿着这172元钱不要在外面瞎混。如果有一天你搞得不好回来了，家里也没有老母鸡可以卖了。所以，如果你没有把人做好，那你就不要回来了。"

我用力地点点头。

看着母亲满头的白发，苍老无助的脸，我"扑通"一下跪在她的面前，抱着她说："儿子在外面一定好好努力，好好做人。"这一刻我才发现母亲是那么瘦小，那么苍老，我深深地感觉到责任的重量，更理解了"树欲静而风不止，子欲养而亲不待"的含义。当时我就下定决心：我一定要改变，一定要改变！

直到今天，那172元钱还存在我心底最深处，时刻激励着我要努力、要奋斗，要成为更出色的人。

由于我没有社会经验，也没有教练，做任何事情都是自我摸索的，所以我做过很多工作。我做过工厂流水线普通工人、物流搬运工、火车站扛大包工人、工地建筑工人、快递员、伐木工、KTV刷马桶的小弟、超市理货员与直销员、十字路口的派单员、路边摊小贩……十年下来我却还是一个无名小卒。我默默地忍受着这一切，住在地下四层六平方米的房间里，没有勇气打电话给家里，内心极度绝望，不知道未来的路在哪里，也不知道要往哪里去，非常自卑、迷茫。

2010年，当时我22岁。我听一个好朋友说："如果你想快速成功，只能去做销售。"他讲了很多销售工作与我之前从事的工作的区别和优势，听了之后我决定重新振作自己，重新站起来！然后，我就开始找和销售有关的工作。我在销售领域从事过房地产销售、电脑销售、牛奶销售、鞋油销售、超市促销员等。在做鞋油销售的时候，我整天在马路边上跪着给别人擦皮鞋，因为没有业绩，我长时间陷入绝望，没有自信，不擅言谈，从销售变成了"消瘦"。

2013年，当时我25岁。我的另一个好朋友说："如果你要想快速成功，那就得自己当老板。"可是身无分文的我，怎么可能当老板呢？好朋友告诉我，可以在马路边摆地摊啊。于是我向朋友借了300元钱，花了45元买了一辆非常破旧的二手自行车，花15元买了张破旧的二手桌子，开始了我的摆地摊生涯。

由于不知道行情，我把一切都想得简单而美好。我以为只要勤奋就能挣到钱，所以不管刮风下雨我都坚持摆摊，但生意仍然没有起色。后来，因为没有钱交管理费，我被几个社会青年追打，鞋都跑掉了，光着脚走了五千米。回到摆地摊的公园，脚冻得都麻木了，我坐在地上放声大哭。

哭完之后，冷静下来，我想起世界潜能激发大师安东尼·罗宾说过的一句话："凡事发生，必有其原因，必有其结果，必有助于你成功。"那一刻我终于明白这句话真正的含义。

2015年，当时我27岁。因为走投无路，我只能进入KTV干刷马桶的服务员的工作。因为KTV管吃住，这样就不用交房租，也不用担心下一顿没饭吃。当时我对如何才能走向成功还没有明确的概念。直到有一天，一个朋友带着我去听一场演讲，现场有800多人，演讲的企业家在台上演说了一个半小时。当他演讲完之后，现场响起热烈的掌声。我被他的这种能量和魅力深深地吸引，极度渴望能和他一样站在台上演讲。当时的我没有任何资源，也没有任何成功的经验，几乎什么都没有。但是，我开始有去实现梦想的勇气……

2016年，当时我28岁。我揣着八元钱在六平方米的农民出租房里创办了自己的公司。公司成立短短八个月后，就成为当地业绩最好的教育培训机构，同时也是当时中国总裁培训界名列前茅的培训机构。

为了用最短的时间、最快的速度完成我们的使命，为社会培养更多人才，2018年5月，我带领公司的核心团队正式进军上海，在上海成立了公司。

如果你极度渴望成功，希望改变家庭命运、点亮更多人的生命，无论你多大年龄，无论你来自哪里，就算你一无所有，你都有机会彻底改变自己。

亲爱的读者，我要告诉你，其实你比自己想象的要更伟大。

在此，我要告诉你能够让你的命运快速改变的几个成功秘诀。

低谷时期的袁翊杰与室友在一起

·要成功，先找到一个成功的环境。

·要成功，一定要找到一个顶级的成功教练，因为教练的级别决定选手的表现。

·要成功，一定要下定决心，无论如何都不能动摇，然后再立刻采取大量的行动。

·要成功，一定要做对三件事：向有结果的人学习，跟有结果的人做朋友，选有结果的人做教练。

·成功没有捷径，你的聪明才智不如别人，但你的努力一定要超过所有人。

·远离负面思想，永远积极接收正面信息。成功路上要经得起诱惑，始终不忘初衷。

如果你能领悟并做到上面这几点，相信你的未来将会与众不同。

第二章

天才隐藏在信念中

　　信念是人的认知、情感，更是意志。信念是人生奋斗的力量之源。一个极具天赋的人，如果没有信念的支撑，天赋也将被软弱所侵吞，平庸甚至失败地度过一生。一个天赋并不明显的人，只要拥有强大的信念，必然能够在奋斗的岁月中发现自己的才能，收获成功的人生。

教育训练点燃内在的激情

一个人只有拥有了激情，才会张开双臂拥抱不幸，并用汗水宣泄自己的情感，这情感可以是高兴的，也可以是悲愤的。在我们最失落的时候，有了激情，就有了能量，有了生活的动力。只有这样，才能乐观地面对生活中的种种不顺，并愿意努力克服困难，成为一个成熟的人。

人活着总是需要用信念支撑自己。就像我之前在火车站扛大包的时候，哪怕拿着微薄的工资，我依然努力地工作。一次次地更换工作，让我对世界有了更多的认识：找到工作容易，但是找到适合自己的事业，就需要多去尝试。工作经历多了，我渐渐知道世界上有太多的不如意，生活远没有想象中那样美好。即使如此，我还是没有选择放弃，而是怀着更加顽强的信念憧憬未来，拥抱梦想，想要向这个世界证明我来过。

激情，是一个人生活在这个世界上最不能缺少的东西。没有激情，活着就如同行尸走肉一般，没有方向，不知前路所在。对任何事物都漠不关心，哪怕世界灭亡也与自己无关。这样的人生，实在是太让人难以忍受了。

孙正义23岁的时候，得了肝病，为此住了两年医院。在这两年中，他除了治病，把剩余的所有时间都花在了阅读上。他以平均每天读五本书的速度，在两年内读完了近4000本书。

出院之后，他不仅身体康健，知识体系更是精进许多。正是有了这近4000本书籍的积累，他总结出了一套与众不同的创业方案，并立即行动，开始创业。

他创立公司的时候，只有两名员工。公司开业那天，他站在一个破旧的水果箱上面，跟面前的两位员工说："我叫孙正义，在25年之后，我将成为世界首富。我的公司营业额将超过100兆日元！"这种强大的自信正是源于这近4000本书籍的积累和浇灌，他的两名员工听到老板豪情壮志完之后，又想哭又想笑，当场离职。

任何人不管你的起点有多低，你所处的环境如何，只要你拼命努力地学习，都将获得成功的自信和力量。

当时的我之所以频繁换工作只是因为没有找到人生的方向，没有找到能够让我有激情的工作，没有找到我的擅长之处而已。后来因为一次偶然的机会，我找到了一个营销的工作，我人生的方向、生活侧重点就此发生了改变，我整个人的状态也发生了改变。不管做任何事，只要找到了方向，燃烧了激情，我们就能坚持下去，哪怕路程遥远，依旧勇往直前。做了营销工作之后，我就确定了自己以后要做这方面的工作，因为它是适合我的。不管成败与否，只要做和营销有关的工作我就浑身充满力量、充满激情。

软银集团创始人孙正义

　　至于什么是适合自己的事，对于每个人来说都是不同的。就像双胞胎的两个孩子，一个喜欢的是画画，另一个人则更喜欢音乐。但是，只要找到了兴趣所在，点燃了心中的激情，成功也就离你不远了。

　　生活就是这样，哪怕我们有时拼尽全力地努力生活，回报给我们的跟我们想要的也不成正比。面对生活中的挫折，不能因为短期的不幸，就放弃理想。我当时每天工作十三四个小时，每天不断地演讲、销售，不断地雕刻自己，让自己变得更好、更卓越。不管演讲的时间有多晚，观众人数有多少，我还是继续保持最好的状态，带着使命感走上讲台，奉献一场最完美的演讲。

　　训练天才有四个技巧。

　　技巧一：敢于试错，找到最适合自己的事。

　　并不是所有人一开始就知道自己最喜欢的是什么，最适合自己的是什么，趁我们正值青春年少的时候，就要敢于试错，多经历、多体会这个多彩的人生。有了一定的阅历之后，我们就会知道自己应该在哪一个行业领域停下来。有时候不是因为生活太累，不想折腾了，而是"舍不得离开，不服输，觉得自己在这个领域一定能弄出个名堂"。

　　技巧二：善于思考，从经历中吸取教训。

　　自我分析是所有成功的起始点。没有思考和总结，再多的经历也是一张白纸，再多的经历也同没有经历一样。对待事物有激情，并不是表示在这一过程中没有阻力，没有困难。有了天分，还需要将才能与现实联系起来。从经历中提炼出有效的经验，以防下次再犯，为下次做好事情打好基础。

[自我分析小练习]

我的优点：

1.

2.

3.

我的缺点：

1.

2.

3.

我的专长：

1.

2.

3.

做好理想事业的条件：

1.

2.

3.

放大你的优点，规避你的缺点，发挥你的专长，找到你理想的事业，定准目标，然后采取大量的行动，成功就在前方。

技巧三：持之以恒，不放弃信念。

人不经历千辛万苦哪能体会成功的可贵，树不经历风吹雨打哪能茁壮成长。

没有人能够轻轻松松地成功，哪怕再有天分的人，也必须经过长时间的积累。既然选择了这一条道路，纵然前路遥远，总是荆棘累累，也要持之以恒，不忘记初心。时间会证明所有的坚持都是值得的。

技巧四：自我激励：我是最棒的。

你有多看好自己，别人就有多看好你。

信心是自己给的，别人不可能天天在你面前鼓励你，自我鼓励对保持做事的激情十分重要。每天早上起床的时候，你就告诉自己："今天又是美好的一天，我是最棒的！我要精神满满地对待今天发生的每一件事情。"长此以往，你每天都能精力充沛，抗打击的能力也会增强。

　　经过以上四个技巧的训练，你已经成功开启了梦想之路，点燃了内在激情。但我依然要告诉你：困难并没有过去，只是刚刚开始。

摆地摊被人追打九次

好事多磨，考验从未间断。生活虽然艰难，但它依然还要继续。谁都不知道下一秒我们会遇见什么、经历什么。懵懵懂懂、跌跌撞撞地就迎来了下一秒。

飞蛾如果不能自己破茧，那么就不会拥有五彩的翅膀，在花朵间翩翩起舞。不经历风雨，就不会有彩虹出现，人的内心也会一触即碎，难以抗住生活中未知的风雨。经历过失败，成功才显得那么不易；经历过苦难，才能真正品尝到生活的甜；体验过饥饿，吃饱的时候才知道有多幸福。

只有挫折，才能锤炼我们的意志，敲打我们的身体。俞敏洪高考屡次失利都未曾动摇过他的意志，第三次化悲愤为力量，终于考上北京大学。可以说，想要成功，挫折是必经的阶段。这条路同样也是一条试炼之路，只有经历过磨难的鞭策，忍受过挫折的打击，才能够成为焕然一新的自己。

在追求梦想的路上你一定要学会跟你生命中的这几位"好朋友"相处，它们的名字叫嘲笑、挫折、困难、挑战、怀疑和负面。

如果没有下面的经历，我可能真的会摆一辈子的地摊。

记得在2013年元旦，我在超市门口摆地摊，忽然来了三个人让我交钱。其中一个人说："这是卫生费，就是保护费的意思。我们这个地方的城管懒得管你们，但是为了秩序，每一个摊位要收60元卫生费，不然就别在这里摆摊。"

我就说："既然这样，那我就不摆了。"我正准备收拾东西换个地方摆摊时，他们一脚把我的桌子踢开，上面的很多货，有耳机、贴膜、手机盖、手机壳等都掉到了地上，其中一个人还拿了一个棍子把桌子打得粉碎。好几百块钱的货都毁掉了，自行车也被砸坏了，我真的很心疼，那些都是我糊口的东西！虽然我很愤怒，但寡不敌众，还是没能较量过他们。眼看着打不过他们，我就只能跑了。我在前面跑，他们就在后边追。我跑了一条又一条街道，也不知道自己跑了多久，鞋跑掉了，衣服也跑没了，货也没了，什么都没了。那天晚上我一共被他们追打了九次，我永远都记得这个数字。这个数字也一直敲打着现在的我：你只有足够强大，才不会挨打！

被人打了，赚钱的工具、货物也没了，还要交房租……男人有泪不轻弹，只因未到伤心处。我真的受不了了，一路哭着走回家。那天晚上我走了三个多小时才回到家。回到家的时候已经凌晨一点半了，衣服全部烂了，冬天夜晚的风吹得连骨头都宛如针刺。我觉得，做人太痛苦了，第一次有了自杀的念头。但是，我不能自杀，没了我，我爸妈怎么办？我想，这一定是上天在考验我，我不能放弃！

打工阶段的袁翊杰

现在回想那段经历，我已经不觉得很苦了，更多的则是感恩、感谢。没有被摔到谷底，又怎么会弹起得更高！没有这次打击，又怎么会激起我对成功的强烈渴望，义无反顾地推翻曾经的一切，蜕变生命，成就现在的自己。阳光总在风雨后，没有挫折何以登高处。

九个半月没有业绩，被房东扫地出门

人生就是在坎坷的道路上追寻成功的旅途，不经历风雨的磨难，不体验风雪交加的困苦，天才也不可能取得辉煌的成就。

人类总是喜欢对生活中的所有事物做出"成功"或者"失败"的评价。前者可以让人不断增强自己的信念，直到获得真正的成功，然而后者很可能使人退回到前进的原点，甚至毁掉一个人的一生。但是，失败是人生旅途和成功道路上不可避免的关卡。名为"失败"的关卡一遍又一遍地筛选着试图闯关的人，最终只留下真正的成功者，而促进人们闯关成功的关键就是信念。

从鸡毛蒜皮的小事上获得的成功和失败并不能撼动我分毫，我的信念告诉我"要干就去干大事"。但是，到底什么是大事？拥有一份稳定、体面、高薪的工作？去追求更高的目标来满足自己更大的欲望？对于曾经的我来说，所谓的"干大事"就是穿着西装、打着领带在宁波卖"海景房"，最好能靠着卖房一夜暴富。

于是，我满怀自信和希望踏入了房地产行业。我的主业务就是跑单子卖"海景房"。在本地买别的地方的房子，听上去多有档次，我想我接触的顾客一定都是大老板、大买家，都是出手买房就跟吃饭、喝水那样轻松随意。

我天真地以为只要多付出一点努力，就可以轻松拿下大单子。我拿着公司印的卖房宣传单，开始挨家挨户地敲门。我不想把公司的宣传单塞到邮箱里边，于是我就把宣传单卷起来插到各家的门把手上。后来，我经常深夜去停车场，把宣传单贴在车子上。我甚至直接在马路边守株待兔，每过一辆车就递过去一张宣传单。在马路边，我看着车一辆一辆地过去，我问自己："袁翊杰，这马路上一分钟可以过去十多台奔驰车，为什么没有一台是你的呢？你什么时候才能像这些人一样成功呢？"我永远记得当时的那份渴望。但是，即便我豁出性命地去发宣传单、去卖房，我依然没有得到理想中的收获。

理想很丰满，现实很骨感，人生就是如此残酷、无情。在宁波卖房，我卖的不是房，卖的是对生活的理想和对成功的渴望。最终，现实给了我一巴掌，告诉我——你毫无卖房的天才，想要在这条路上成功就是白日做梦！我可能一开始就走错了路——在错误的方向上，你很难发现自己的天才。

在一般情况下，多数人心目中理想的自己总比现实中的自己能干许多。我以为我的人生即将逆袭，一切都将朝好的方面发展，但现实却再一次深深地打击了我。

当时房地产公司给我的底薪是每个月400元，把房子卖出去才能拿提成。因为没有业绩，我拿了九个月400元的底薪，结局以失败告终。虽然一无所获，但是我依然觉得未来还有希望——只要我还能动，还能走路，还能说话，就一定能做出一番成功的事业。但是，心里的期望并不能直接变成支撑生活的现金。在连续九个半月拿不出业绩的时候，我最终还是因为交不起房租，被房东从窗户扔出所有的东西扫地出门了。

即使生活一次又一次地试图用残酷来磨炼你的身体，你内心信念的火种也不能被残酷浇灭。如果在最艰难的时候失去了信念，那么就等于放弃了自己，放弃了自己的才能，让自己就这样在泥潭中越陷越深。我不想让自己就这样陷入失败的深渊，即使身处黑暗，我也要凭借信念的力量去抓住一丝的曙光。任何在苦难中挣扎的人，任何被现实一次又一次击倒的人，都可以凭借信念再度站起来。

哪怕意识到曾经走过了那么多条错误的道路、做错了那么多事情、浪费了自己那么多的时间，也不要后悔、不要放弃信念。因为曾经以及现在的每一次尝试、失败的每一步，都是发现自己天才的一个过程。只不过在这样没有任何外界有益帮助的情况下，我们只能靠自己现有的能力来跌跌撞撞地摸索，只能靠自己一条路一条路地不断尝试。这种发现天才的方式看似对普通人极度不公，但也正因为常年身处黑暗，才能在黑暗中依靠信念的力量，敏捷地捕捉到来源于天才的光芒。

跨国公司松下电器的创始人松下幸之助说过："在荆棘的道路上，唯有信念和忍耐能开辟出康庄大道。"

松下幸之助刚刚创业的时候，身上只有1000日元。带着这1000日元，他和妻子、内弟以及两个同事共五个人一起创办了一家工厂——生产一种改良的电灯灯头。当时，他们五个人甚至都不知道灯头的壳体是用什么材料做的。他们就像在黑暗中摸索的人，尽管做出各种尝试，依然徒劳无功。

后来，还是在一个朋友的帮助下才解决了灯头的壳体问题。然而，当他们历尽千辛万苦，生产出第一批改良后的灯头之后，却根本没有商店愿意进货。他们拿着样品，到大阪每一家销售电灯的商店去推销。十天下来，也只卖出了100来只灯头，收入只有10000日元。

这个时候，两个同事因为承受不了压力，自谋生路去了。松下幸之助却坚信：这条路一定可以成功。他和妻子、内弟三个人苦苦忍耐着、坚持着。甚至十几次他把妻子的衣服、首饰拿去抵押借钱度日。

日本知名企业家松下幸之助

就在他山穷水尽的时候，曾经的一个合作者森田延次郎告诉他：有一家北川电器器具制造厂对他的产品感兴趣，看过样品之后，要订购1000只电扇底座，并且不需要任何金属配件。

这真是喜从天降、绝处逢生。

我坚信我在一次又一次的尝试中，一定可以找到自己应该走的正确道路。我也相信，所有坚持自己信念的人，都可以发现自己的天才，并以此为方向在正确的道路上收获真正的成功。

彻底受够了，在KTV刷马桶时看清自己

为什么要去KTV工作呢？因为交不起房租被房东扫地出门走投无路，KTV里的服务员不用交房租。

在KTV里，我每天都过着一种"倒"的生活。每天除了倒着时间上夜班，还要给客人倒茶水、倒垃圾、倒烟灰缸、道歉……KTV里最难的是刷马桶，我很"荣幸"地被分配在这个岗位上。接受是一个人成长最好的礼物，不管喝醉酒的人吐得有多脏有多臭，都要微笑而热情地去面对，这是我的工作和职责。我相信，人只要肯努力，就一定会有出头之日。

我问我的领班，我已经上了八个月的晚班，是否能让我像正常人一样在白天工作一段时间，而我得到的答复永远是"下个月"。不过现在想起来，我还是非常感谢他，因为普通的石头要变成顶尖的艺术品，是需要被雕琢的，他的行为在无形中对我就是一种雕琢。

记得有一天凌晨三点，我跪在地上刷马桶，客人喝完酒之后呕吐在马桶里面的画面简直不敢直视。当我蹲下去刷的时候，突然感觉有人在打我的脸，当我回过神来，拍我脸的小刘告诉我，我已经蹲在这里睡了差不多40分钟了，再睡下去就要卷铺盖回家了。我听到同事们一阵阵的嘲笑声，说有一个傻子，手放在马桶里，脸放在马桶边上就能睡着。

是的，我确实把手放在马桶里了，趴在马桶边上睡着了。如果不是累到一定程度，我一定不会趴在马桶边上睡着。

同事都走了之后，我觉得世界好安静，特别的安静。我跪在地上，把手从马桶里拿出来，看了看镜子中的自己，很久很久都没有说出话来。

我一边流着泪，一边不断地问自己：袁翊杰你还记得吗？你已经八年没回过老家，八年没有见过自己的父母了。你还记得你接过母亲给你的那172元钱的决心吗？你不是一定要成功吗？你还记得2006年，父亲为了借300元钱给别人下跪！借到钱之后，你们连夜把母亲送到医院，医生说来得晚一点你可能都见不到你的母亲了。当时你做了三个决定：你要出来挣钱，你要加快速度成功，你要加快速度挣更多的钱。你说你不要这种痛苦在你的家庭中持续太久。但是，2007年你就开始出来打工到现在，八年了，你到底做成了什么？你就混成现在这副模样！你还是一无所有！八年来，你做了30多份工作，扛过

在KTV上班的袁翊杰，与同事在一起

大包、卖过房子、摆过地摊……你还有什么工作没做过？为什么你现在混成这个样子？

混成这样，你都没脸见自己、没脸见父老乡亲！我跪在马桶边上一次次地告诉自己：袁翊杰，你一定要成功啊。

挨骂借钱去上课，唤醒我的内在天才

物质的匮乏根本不是人们唤醒天才、改变自己、实现梦想的阻力，让人们感到胆怯、难以前进的根本原因是信念的丧失。如果自己都觉得自己没希望，又怎能获得重生？如果自己都不去追求重生的机会，又怎能从现有的苦难中翻身？如果自己都不去渴求成功，又怎能站到当今社会的顶峰？

有信念、有梦想固然是好事，但是梦想不是用来"想"的，而是用来"做"的。只有真正地付出行动，才能获得唤醒自身内在天才的机会，才能提升成功的可能性。在成功的可能性无限趋近于梦想的时候，梦想才会被最终实现。

2014年，年仅26岁的我在机缘巧合之下买了一本书，得到了一次唤醒我的天才的机遇。当时我的口袋里只剩下32元钱了，对于身上只有这点钱的我来说，买一瓶矿泉水都是奢侈。然而，我却掏出了25元在书店里买了一本书。我曾在一年前的一次直销产品说明会上听过这个作者的名字，所以一看到这本书我就拿起来看了看。我翻开书，看到第一页上面写着这样一句话："用最短的时间帮助更多人成功，加速让中国在21世纪成为世界第一经济强国。"那一瞬间我好像被人用砖头冲着脑袋猛拍了一下，浑身为之一振。

第一次，我完整地把一本书看完了。第一次，我被一本书深深地打动了。第一次，我在迷糊的日子中清醒过来。第一次，我做出另一个疯狂的决定——我要去上一堂能够改变命运的课程。现在想想，还好当时我选择了相信，选择了依靠我唯一的信念去上课。相信是一种能力，生活中大多数人都是选择用怀疑自己的方式去怀疑别人，但我选择相信，所以我踏上了一条真正属于自己的道路。

25元虽然是一本书的价格，却是我当时几乎全部的财产。现在还有谁会在稳定而平凡的生活中，花掉自己几乎全部的财产去买一次重生的机会？会做出如此疯狂举动的，大概只有真正走投无路的人，只有怀抱信念急切想要冲上人生顶点的人。但是，现在多数人都在简单、碌碌无为的生活中磨灭了自己的信念，失去了自己的野心，因此多数拥有稳定而平凡生活的人，都不愿意付出这样的代价去获得一次不知结果的重生。

平凡没有什么不好，我曾经羡慕过平凡、稳定又衣食无忧的生活，认为上天赋予我的苦难太过不公。但是，我现在必须感谢过去的苦难生活。如果没有那些失败、痛苦的经历，我大概也会沉溺于平凡的生活中，不会花掉近乎全部的财产去换一次重生，也不会顶着被人责骂的压力四处借钱去学习，没有学习也不可能唤醒我内在的天才。直到今天，我仍然坚信：如果当初没有把学费交给老师，那么往后就会把学费交给冷漠无情的市场。

读完书中主人公的故事我感觉他的经历跟我是那么相像，我仿佛看到了自己。从他的故事里，我找到了久违的自信。我看了看自己口袋里仅剩的7元钱，立刻做了第二个决定：查找更多关于作者的信息。在网络上我看到了从未看到的内容，看到了更大的希望：

为什么你没有成功？因为你没有下定决心！为什么你一直都没有成功？因为你一直都没有下定决心！为什么你直到现在都还没有成功？因为你直到现在都还没有下定决心！

对艰难时期的我来说，实现梦想就是我最大的信念。我的梦想有很多，无论是成为销售界的精英、成为出色的演讲者还是成为可以唤醒他人内在天才的引领者，这些梦想无一例外都指向成功——让自己成功、让家庭成功、让我身边所有的人都能成功。

看完这几句话之后，我决定无论付出多大的代价，都要去上这堂能够帮助我升级自我思维的课。我清楚地记得，这个只有短短三天的课程需要9800元的学费，这对当时的我来说简直就是个天文数字。于是，我打电话对老师说："您一定要给我保留一个名额，我一定要去学习。"老师回答我："成功者只要现在、立刻、马上做出行动，要成功就不能有任何的借口和理由，成功和借口不能共存。"可是我的全部身家只有七元钱，我该怎么办？我要怎么做？于是，我决定去借钱，无论如何都要借到9800元钱。我要改变我的命运，实现我的梦想。

我打电话给我的同学，我告诉他，我要去参加一个可以改变我一生命运的课程，请他一定要支持我。他回答我："凭我比你多3年的社会经验，我告诉你，你这是被骗了。"他还说，如果我去培训后还能活着回来他就跟我姓，最后他也没有支持我。

我又打电话给我的一个亲戚，我告诉他，我要去参加一个可以改变我一生命运的课程，请他一定要支持我。我的亲戚也告诉我，我被骗了，被洗脑了。他说："如果你都能成功的话，那太阳就从西边升起来了。"最后电话就只听到"嘟嘟嘟——"的声音了。

在七个小时内我打了57通电话，有14个好朋友支持了我，他们给了我20元、50元、100元、300元、1000元……这些人是我这一辈子都不会忘记的大恩人。但直到最后，我还是差1600元。后来我找到自己以前一起工作的同事，我告诉他，我要去参加一个可以改变我一生命运的课程，请他一定要支持我。听了我的话之后，他带着迷惑的眼神看着我，既想哭又想笑。当时我做了一个动作——"扑通"一下跪在他的面前："你一定要支持我啊！因为我真的受够了！你一定要支持我啊，因为我真的受够了！你一定要支持我啊，因为我真的受够了！……"就这样他最后选择了支持我，借给我1600元钱。我一辈子都非常感激他。

其实我心里非常清楚，即使是借钱给我的朋友也不相信我会取得今天的成功。不过没关系，我有信念、有梦想。如果我能花9800元买下实现梦想的机会，那是上天赋予我的运气。

深夜两点半，我把9800元汇给了我的老师。我的老师听了我借钱的过程之后，只对我说了一句话："翊杰，将来你一定会成功！因为你的企图心超过了所有人……"

是的！有很多时候成功不是有没有方法，不是有没有钱，而是有没有魄力，有没有胆量，有没有勇气，有没有下"一定要"的决心。

当我怀揣着希望走进课程现场的时候，内心无比激动。我等这一天等得太久了。

一个农村长大、拼搏八年仍然一无所有的放牛孩子，在接过母亲172元的一刹那，向母亲承诺的梦想即将要实现。

一个宣誓以改变更多人命运为使命的超级演说家，一场激发你生命最大潜能、令你终生难忘的演说会开始了。当老师发表完精彩绝伦的演讲后，全场3000多位企业家全部起立，热烈鼓掌。当时会场中只我没有鼓掌，不是因为老师讲得不好，而是我听傻了，我激动得泪流满面。我终于找到了人生中的偶像，成功的楷模。我对成功有了更深的了解和认识。

老师说："要成功就先要做对决定、下定决心，然后再疯狂地采取行动。成功三部曲就是——先为成功者工作，后和成功者合作，再让成功者为你工作。你是谁并不重要，重要的是谁来教你。"我听懂了，这句话像闪电击中了我，唤醒了我内心沉睡已久的巨人。

此刻我深深地悟到了改变命运的三部曲的真正语义：

第一，你的命运取决于你的资讯。

第二，你的命运取决于你遇到的人。

第三，你的命运取决于你所做的决定。

我的指导老师说："没有学历，没有背景，没有人脉，就算你什么都没有，只要你有超强而极度渴望的企图心，就一定能成功。"所以往后我每天都是5点钟起床，工作到凌晨三四点钟，每天睡觉都没有超过三个小时。当然，我的努力和结果也是成正比的，这些我会在后面再慢慢介绍。

追求梦想的路上，有人抛弃了信念、丢掉了梦想、对机会视而不见，这些人最终只会落得被成功抛弃的下场。幸好我当时做了"借钱也要去上课"这个伟大的决定，让我知道上天对每个人都是公平的。只要怀抱梦想，承受住了所有的苦难，就会获得唤醒天才的机会，就会通过发现自己的天才，为自己找到一条正确的成功之路。

借钱时所挨的骂、所受到的冷眼，都是唤醒内在天才的能量。这些能量让我更加有决心，更加有企图心，更加有上进心。我以最快的速度唤醒了内在的天才，我离成功更近了，我也有更多的机会以成功来回报那些借钱给我、帮助过我的人。

原来天才和你的外貌无关

人类总是习惯于追逐成功者,所以一些新闻媒体喜欢定时、定点地蹲守那些在某些领域相对出名的人,并通过报道他们的新闻来满足那些追随者的好奇心。但是,那些被众人熟知的成功者,大多数不是相貌极其美丽,就是相貌极其特别。比如,多数电影明星、模特、歌手的外貌就非常好看。而长相特别的成功者也有很多,比如,王宝强、黄渤、叶竟生、马云等,他们长得虽不算好看,但是在事业上都非常成功。因此,长相绝对不能成为判定一个人能成功的标准,而且相貌的好与坏与一个人的天才没有任何联系。

外貌美丽的成功者数不胜数,相貌不够好的成功者也如同天上的繁星。如果你想发现自己的天才并走向成功,就不能在乎他人的眼光,更不能在乎他人对你外表的评价。因为你的天才、成功与你的天生外貌无关,与他人对你外貌的主观评价更加无关。

一个人的个性经过时间的洗礼,会在脸部留下一定的迹象。某个人一直对生活抱有不满的情绪,那么这个人的外貌给人愤怒、抱怨、痛苦的感觉就会比较多;某个人对未来充满希望,每天都积极向上,那么这个人的外貌给人快乐、幸福、健康的感觉就会比较多。人生经历过大起大落、风风雨雨的中年人,别人看他的脸就知道他饱经风霜;还未经历过艰辛困苦的孩子,则是一脸天真烂漫、纯洁无瑕的样子……但是,想从一个人的外貌上看出一个人的才能,是根本不可能的。

被称为"50亿身价"的著名演员黄渤，在"看脸"的影视圈中却靠才华撑起了一片天。他的名字基本上和"收视保障"联系在一起。因为所谓的颜值不够，黄渤直到32岁才凭借电影《疯狂的石头》一举成名。在此之前，他当过驻唱歌手、舞蹈教练、影视配音员。也正是这些经历，使他在成名之后，用才华征服了观众。不仅如此，外貌不出众的黄渤可谓是"娱乐圈的一股清流"，除了作品之外，观众很少听到关于他的花边新闻。就这样他专心演戏，磨炼演技，让自己的天才发挥到极致。所以，黄渤赢得了更多人的喜欢，连林志玲都说找对象一定要找黄渤这样的。

外貌代表的只是一个人对外界展现的姿态，内心的信念才是一个人做出行动的真正能源。如果失去了信念，失去了启动自身天才的动力，哪怕长得再美丽，也难以成为真正的成功者。

袁翊杰培训现场

在多数情况下，缺乏一定形象资本的人容易遭到他人无意识的冷落和排斥，甚至现在有许多公司都把外貌作为招聘审核的标准之一——哪怕工作岗位与个人的外貌并没有关系。因为长得不够好而被拒绝在当今社会已经屡见不鲜。但是，心灵美比外貌美重要许多，心灵的价值、信念的价值才是评判一个人的真正标准。因为天才的痕迹不会刻在外貌上，却会刻在人们的心中。

著名的武侠小说作家古龙在他的小说中这样写过："一个人的成就，是绝不能以他的外表的一切来衡量的。"外貌不好却成就一番大事业的人有很多。外貌不好除了能决定"丑"之外，还能决定什么呢？有谁规定过外貌丑陋就不能工作、不能努力，没有才能、不会成功？

才能对每个人都是公平的，成功是所有人都可以拥有的。上天如果赋予你残缺或者相对较差的外貌，一定会赋予你更大的才能以及更多的成功机会。只要能发现自己的才能，突破外貌的限制，抓住每一次迈向成功的机会，就一定能成为社会顶尖的成功者。

一个人一旦沉浸于外貌，就没有心思关心自己的才能在哪里，更没有足够的时间、精力和金钱去提升自己的能力，发挥自己的才能。所以，人要想有所成就，就要坚信：才能和外貌无关。你不可能凭借一张长得好看的脸取得伟大的成就，但你一定可以凭借自身的才华成为自己想要成为的人。

第三章

你决定要成为什么样的人

　　你将成为什么样的人，首先取决于你决定要成为什么样的人。从一开始你就希望平平淡淡过一生，那么即使你拥有马云那样聪明的头脑、出色的口才，也发挥不出来。所以，如果想要成功，那么就先为自己找到一个成功的榜样、成功的教练。

突破自我设限，放大梦想

所谓自我设限，是指自己在心里面设置一个"高度"或"空间"，自己只能在这个"高度"或"空间"内活动，一旦超过了，自己就会失去信心，从而给自己设置心理障碍和消极的心理暗示。就像我当时觉得自己是从农村出来的、没有学历、没有钱、颜值也不高的穷小子，怎么可能成为优秀的演说家？

人的一生中，最大的敌人其实是自己，并非社会、别人。你的人生能够达到什么样的高度，取决于你在心里为自己设定的高度。如果你是一个敢于挑战的人，那么成功就会离你越来越近；如果你故步自封、自我设限，成功只会离你越来越远。只有那些不自我设限，勇于挑战自己、战胜自己的人，才能最终走向成功。

在我以后的人生之路上，我逐渐认识到：自我设限是我们无法取得成功的最重要原因之一。现实中，那些失败的人之所以失败，并不是因为他们不能成功，而是因为他们不敢追求成功。他们在还没有追求成功之前，就给自己设置了一个"高度"，而这个"高度"恰恰离成功还有一段距离。在这个"高度"之下，他们经常暗示自己："我最大的能力只能这样了。"这种消极的心理暗示，时间长了就会形成一种惯性思维，做事畏首畏尾、不敢挑战自己，最终只能眼看着机会一次次地随风而逝。

福特汽车创始人、20世纪最伟大的企业家之一亨利·福特曾说："如果你认为你能，你是正确的。如果你认为你不能，你也是正确的。"

一个人所能达到的成功，往往取决于其内心渴望成功的程度以及愿意为成功付出的努力大小。当我们在自己的内心种下自卑的种子，结果只能是失败；而如果我们在自己的内心种下自信的种子，就能取得成功。

世界激励大师约翰·库缇斯出生时，因为身体畸形，只有一个矿泉水瓶那么大，被称为"矿泉水瓶男孩"。连医生都断定他活不过当天。然而，他用顽强的生命毅力证明，他不仅活下来了，还活得非常好。他用实际行动一次又一次地突破出生时的生命设限——驾车、钓鱼、看球赛、游泳、跳水、打橄榄球、做乒乓球教练……这些许多常人都无法全面掌握的体育运动，都是约翰·库缇斯的爱好。他在对别人介绍自己时说："你们看到的我没有双腿，但我却能做很多的事情。而有的人四肢健全，却什么也做不成，整天抱怨：'为什么我不能这样，不能那样？'"

袁翊杰与世界"无腿超人"约翰·库缇斯合影

约翰·库缇斯对生命设限最大的突破就是：他站在了演讲台上，放大了人生的梦想。这个演讲天才，受到过南非总统曼德拉的接见，还与美国前总统克林顿同台演讲过。他不止一次地对听众说："现在我来到这里，就是想用自己的成长经历来激励别人——无论你现在的状况有多差，要永远相信明天可以更美好！我现在每天都很忙，在世界各地演讲，我是在激励别人，也是在激励自己，别对自己说'不可能'，这是我这样一个高度残疾的人的永恒的信念。但愿通过我的演讲激励，它也会成为许多身体健全者的信念。"

成功的前提是突破自我，打破自我设限。只要你自己看得起自己，敢于挑战，努力进取，你就能够成为让别人尊重的人。如果你甘于平庸，那么，你就只能走向平庸；如果你追求成功，并且敢于成功，那么，你就会走向成功。

其次，成功屈居于你的敢想敢做。成功既需要突破自我，又需要付出比别人更多的努力。如果一个人甘于平凡，就没有任何力量能够帮助其成功。然而，如果一个人渴望成功，但是畏首畏尾、不付诸行动，成功也只能是"水中月、镜中花"。一个人只要有目标，并且能够坚定不移地向着目标前进，就会战胜"不可能"，取得最后的成功。

看了许多亿万富豪的故事之后，我决定：我要成为像这些上市公司的掌舵者那样的人。虽然这个梦想只是埋藏在我心里，但我始终没有忘记，并且一步步地朝着梦想努力着。

我坚信，梦想的实现在于行动。如果没有行动，再远大的梦想也仅仅是梦想，而不会变成现实。空想和梦想仅一字之差，就是因为一个仅仅是想象而已，一个付诸行动。"千里之行，始于足下。"那些成功的人，往往都是敢于把梦想付诸行动的人。

你有梦想吗？你想过你可以改变自己和家族的命运吗？你想过未来的你会成为一个超级富豪吗？你幻想过未来的自己会像很多励志电影里的主人公一样，因为遇到一些事一些人给人生带来魔术般的变化吗？

我的学员王嘉悦想过，我相信她的经历足以让每一个自我设限，不敢放大梦想的人汗颜，并由此打开自己的梦想机关。我们来看一下她的故事。

黄土高坡都是靠天上下雨获得收成的，所以我的家乡叫天水。因为极度缺乏水资源，我们常常是一盆水洗完脸再洗衣服，洗完衣服再洗脚，洗完脚再拖地、冲厕所、浇花。我的祖祖辈辈都是以务农为生的。从小父母的教育观念就是会写自己的名字，会点简单的算术，能数清楚钱就行。所以从读书的那天起我就没有想过上大学，目标就是读完小学就可以了。没想到的是就在我小学毕业的那一年，国家实行了免除学杂费的政策，于是父母就决定让我继续读完初中。然而还是有很多同龄人放弃了上学，外出打工。在我们村同龄女孩中，我是第一个读完初中的人。

虽然家里很穷，但还是没能阻碍我对成功的渴望和对未来的期许。每当在山上放牛的时候，我都会想象自己美好的未来。我想过未来自己可能是一名电视台主持人，我也想过自己可能会去上海、北京、深圳这些大城市成为一名高级白领，我也想过成为一名医生，我还想过去当兵，我甚至想过成为黑白电视机荧屏上的那些人——电视剧里的主角……

我的童年基本就在对美好未来的想象和憧憬中度过了。直到今天，我自己都不太敢相信这些梦想可以实现，但这一切已经真的在一个个实现，只因为我做对了一个选择。

2004年，我12岁。一天下午，村口围着好多人，好像发生了什么事情，大家好像在议论着什么。出于好奇，我也快步上前观看。哇！原来是一辆大汽车。这是我人生中第一次在现实中看到这样的高级轿车，之前只有在黑白电视里见过。村里人说，这是我们村最穷的那户人家的女儿开回来的——奥迪A4，这个车要40万元。天啊，那个时候我爸一个月的工资才700元，我表姐给人家当保姆一个月工资才200元。所以，40万元对有的人来说是一辈子都不可能挣到的一笔钱。

这一刻彻底激励了我。我问叔叔什么车比这个车更好，叔叔告诉我是"宝马"或"奔驰"，这是我生平第一次听说"宝马"和"奔驰"。当时我心里暗暗定下一个人生目标：等我长大后一定要买辆"宝马"送给我爸爸，买辆"奔驰"送给我妈妈，然后再为村里做一些贡献，去帮助更多的人。

2008年，我16岁，正式步入社会，对未来充满了期待。理想很丰满，现实很骨感。现实生活总喜欢让你看得远远的，然后再狠狠给你一巴掌。

我做过服务员、推销员、工厂操作工、传单员、美容师等十多份工作，但是银行卡里的存款还是为零元。人生极度的迷茫和自卑，没有背景、人脉，更没有学历，却有一颗不甘平凡的心。

北京、上海这样的一线城市一直是我梦想要去的地方。所以，2011年我只身一人来到了上海。没有任何的人脉，听室友讲销售最赚钱，我就决定从事销售工作。我面试了13家房地产中介公司，最后第14家刚开业的小中介公司终于收下了我，因为我是唯一一个面试的人。我每天起早贪黑地工作，干了两个月后，由于没有人教，一点业绩都没有。老板对我说："你明天不要来上班了。你不适合干这个工作，你还是适合在工厂里上班。"我当时听到这个消息，感觉自己的人生好像直接被判了死刑一样。人生陷入黑暗，我苦苦哀求老板不要开除我。但是老板还是没有给我机会，直接把我的东西扔到了外面。

我以为我的人生从此就没有未来了，却没想到美好的未来已经打开了大门。只要你是一个进取的人，心怀感激的人，有勇气敢于向梦想奔跑的人，上天在为你关掉一扇门的同时一定会为你打开一扇窗。

23岁生日那天，我无意间在网络上听了一场长达40分钟的演讲。演讲中的主人公故事彻底地激发了我，颠覆了我对生命以及人生价值观的全面认识。当时我拿出同事送我的生日贺卡在灯下做笔记。老师说，所有成功的人都有三个习惯：一、下定决心；二、言行一致；三、马上行动。听老师分享完内容我豁然开朗，这么多年我一直打工没有赚到钱的真正原因就是：一直想做的事总是拖延，没有行动。

当我打过电话去咨询时，老师问："你是一定要改变吗？"我毫不犹豫地回答："我一定要改变。"老师说："把学习成长放在第一位的人，才配得上真正的成功。要改变就要为改变付出代价。"

我决定要跟随老师学习成长。老师的助理告诉我，老师三天线下学习机会的学费是2980元，成功者马上行动。挂完电话，我拿出钱包，把所有的钱加在一起才480元。

我又打过电话去，告诉老师："等下次有钱了我再去。"老师告诉我："你用以前的思考方式和行动只能得到之前的结果。"这句话点醒了我。我在内心纠结了十多分钟后，我决定打破拖延习惯，突破自己，借钱去上课。我跟二十几个同学、朋友借钱，让她们支持我，但是没有一个人愿意借钱给我。最后一个工作中的姐妹说她愿意支持我，她借给我2500元，我至今感激不尽。晚上十点，当我把钱转给老师的时候，我的行动力打动了老师！那一刻，我突然感觉自己好像是囚禁已久的小鸟，终于摆脱了牢笼，可以自由自在地飞翔了。

时间一晃，我终于来到了课程现场，见到了心目中无比优秀的袁翊杰老师。他天庭饱满，额头在灯光下闪闪发亮，能量气场非常强大。

我带着无比兴奋的心情听完袁翊杰老师的精彩演讲。当我去实践老师所讲的成功密码，当月的收入就增加了许多，我非常感恩袁翊杰老师。作为一个打工妹，我已经很满意自己当时的收入了。

但是，袁翊杰老师说："一个没有格局，没有梦想，不想为别人创造价值的人活着是没有任何意义的。格局决定布局，布局决定结局。小小的麻雀是永远不可能知道老鹰的志向的。"我一直告诉自己：我不要做麻雀，我要做老鹰。

真的是教练的级别决定选手的表现。加入袁翊杰老师团队的第一个星期，我就被老师指定为"超级主持人"。第一个月我就打破所有新人的纪录并接受老师亲自颁发的冠军奖杯。九个月就完成了人生的第一个小目标——送给父母第一套房子。11个月的时候达成第二个小目标——奖励给自己一辆梅赛德斯-奔驰轿车。

王嘉悦携领众团队成员回家探亲合影

　　在跟随袁翊杰老师学习的短短两年多时间里，我被邀请到全国二十多个省市去演讲，帮助更多的人把生命亮起来。一年的时间我就帮助很多学员达成了心中的业绩目标。这对于别人来说也许是人生的巅峰，但对于我来说这才刚刚开始，帮助更多的人才是我的终极使命。

　　每个人的心中都潜伏着一头雄狮。如果看完王嘉悦的故事，你心中的雄狮能够被唤醒的话，你将成为森林之王；如果你心中的雄狮一直沉睡，那么你终究是一只"病猫"。而我们唤醒内心雄狮的第一步就是不要自我设限，坚信自己就是一头雄狮，坚信自己一定能做到！

一部电视剧引发的思考

电视剧《北京青年》中有这样一个片段：男主角和女主角领证结婚的时候，其中一个结婚证已经盖上章了，另一个结婚证正要盖章的时候，男主角说："我不想结婚了，我愿意去拼一把，让我的青春重走一回。"这句话对我的影响很大。

幸福就在眼前了，盖完章就结婚了，以后老婆孩子热炕头，多好啊！然而，就差那么一步，他放弃了，因为他"愿意去拼一把"。就是这样一句话，我受到了冲击，我看懂了，我决定：我要重走一回，要拼一把！我再也不想被任何人、任何事所限制，我要走出"自我设限"，为自己的梦想拼一把。

每个人的人生中也许都有那么一瞬间，你觉得，"我再也不想这样活着了，我必须要改变！我再也不想为了任何人、任何事委屈自己的梦想，我再也不想让任何原因成为实现梦想的阻碍"。那一瞬间就像有人突然点醒了沉睡的人，让你的生命出现不一样的色彩，让你的全身都充满拼搏的力量。

雷军40岁生日的时候曾和朋友感慨："人是不可能推着石头往山上走的，这样会很累，而且会被山上随时滚落的石头给打下去。我们要做的是，先爬到山顶，随便踢块石头下去。"

雷军担任金山软件公司总经理之后，经过八年的努力，把金山做到上市，短时间内融资净额达到6.261亿港币。可以说，这是雷军人生的第一个巅峰时刻，他完全可以躺在这个功劳簿上享受人生。要知道，当时的马化腾、周鸿祎、丁磊等初入职场，李彦宏还在美国念书，而马云还在为筹办"中国黄页"而焦头烂额。然而，他却选择离开金山软件公司，创立小米公司。

袁翊杰与小米公司董事长雷军合影

这一切都源于雷军内心的梦想：他想做一个真正属于自己的事业，做一家重量级庞大的公司。对于当时的雷军来说，离开金山软件公司从头开始创业，他也"怕输"。"但是你又想去搏一把，觉得不搏这一次，人生愿望没实现，太不过瘾了，所以我就决定往下做。"正是这种"搏一把""拼一把"的决心，使雷军迈出了人生中关键的一步，他带领小米公司从一个巅峰走到另一个更高的巅峰。

我一直很喜欢一句话：没有梦想，何必去远方。甚至我认为，没有梦想，又哪来的远方？说到底，一个人首先要明白自己想要什么，决定自己要成为什么样的人，然后你才能知道自己该往哪里去。否则，没有梦想，没有规划，走到哪里又有何区别呢？

我当初决定借钱去投资自己，就是我决定要和过去彻底告别，要做出一番成就，要成为一个能够发挥自己天才、能够帮助别人的人。直到今天，我站在演讲台上，看着底下听众期盼的眼神，看着一个又一个学员因为我的演讲而发现他们自己的天才、改变命运，我都会深深地想起当初我四处求人借钱去学习的那一幕，也正是那一刻的决定改变了我的命运。

连啃四个月大饼，发誓要加入成功的团队

机会永远掌握在那些克服艰难险阻，依然怀抱梦想的人手里。没有梦想的人，无论用怎样的姿势去抓住机会都是徒劳的，而梦想成功的人，才有更多的可能性抓住成功的机会。

有一次我在网上看到一份课程介绍，上面说："有人比你成功百倍千倍，难道他就比你聪明百倍千倍吗？"那一刻，我做出了一个重要的决定——我要去上课，我要去现场感受成功者的气场。我怀着这样的心情，拨通了介绍上面的电话。

电话里的那个人告诉我，上这门课在四个月之后，而且要收5800元人民币的学费。四个月的时间对急于成功的人来说很漫长，我可以耐心等待，而5800元的学费对我来说才是最大的问题。因为当时我的身上只有50元，我很迷茫、无助，对于一无所有的人来说要如何赚到5800元？我把我的困境告诉了电话里的老师，那位老师给我讲了他的故事——原来他也是贫困山村里出来的孩子，但是他通过自己"一定要改变"的信念，发现了自己的才能，从而走向了成功。他告诉我，只要我想要并且能坚持下去，5800元根本不会成为阻碍我前进的脚步。

身上只有50元的我，找人借钱给电话里的那位老师交了100元的押金，然后就开始了我四个月的艰苦生活。为了凑足5800元，我在四个月里只吃北京的一种大饼。那种大饼有点儿像馒头，特别难吃，但是价格便宜。为了省钱，

我只住地下四层的地下室。那个地下室大概是我有史以来住过的最阴暗的地方，一般人都难以住下去，有时候我也会有"实在住不下去，到外面睡马路"的冲动。

然而促使我一直生活在这种艰苦环境下的动力，就是"我一定要成功，一定要加入成功团队"的信念。任何成功的人都不会被金钱打倒。既然我一定要成功，而且我也为成功吃了那么多苦，区区5800元根本不能打败我。因为我要成功，我渴望成功，我就是未来的成功者，所以我发誓我一定要加入成功的团队。

一个人一旦下定决心，并拼尽全力去做一件事，你就会发现自己的潜能不可估量。那些原本看似无法翻越的大山，无法解决的困难，最终都被战胜。

全球知名的励志演说家尼克·胡哲一出生就没有四肢，只有躯干和头。这样的身体不仅给尼克的生活带来极大的困难，还让他陷入了难以忍受的被围

袁翊杰与励志演说家尼克·胡哲合影

049

观、嘲笑的耻辱。但他依然战胜了这一切，并立志成为一名演说家。

在尼克·胡哲19岁的时候，他四处打电话推销自己的演讲，希望能够有机会站到讲台上，为大家讲他的故事，但他得到的答复都是拒绝。然而他并没有因为他人的拒绝而放弃梦想，他继续打出一个又一个电话。终于，在被拒绝52次之后，他获得了一个五分钟的演讲机会和50美元的报酬。从此，他站上了讲台，一步步走上了全球知名励志演说家的位置。

尼克·胡哲说："有人问我，我觉得自己是这世界上最快乐的人吗？我要说是的。我对人生的三个真谛——价值、目标、宗旨都很清楚，我知道我要往哪里去，所以我很快乐。无论怎样，满足于你所拥有的，比如我，就很珍惜我的'小鸡腿'，不要放弃爱别人，每天向前走一小步，你一定可以完成人生的目标。"

我坚信成功从改变环境开始，因为人是环境下的产物，所以，为了改变自己的环境，加入成功的团队，我可以连啃四个月的大饼。我知道这一切都只是暂时的，只要我不放弃就一定可以成功，而且只要我成功，我就可以让更多的人的生命亮起来。因为我已经决定了我要成为什么样的人，我要成为什么样的成功者。只要我有才能、信念和努力，就一定会实现梦想。

成功最重要的五个条件

很多人都在苦苦追寻成功的秘诀，想要知道成功者是如何取得成功的。不同的人有着不同的成功经历，不同的环境下，人们对成功的理解也不尽相同。

华为技术有限公司总裁任正非对成功的理解是志存高远、艰苦奋斗、坚持学习；蒙牛乳业（集团）股份有限公司创始人牛根生对成功的理解是有胆量、有眼光、有组织能力；新东方教育集团总裁俞敏洪对成功的理解则偏重于要有强大的意志……

我认为，一个人想要成功，首先必须有野心。你可以出身卑微，遭遇悲惨，但你一定要有野心，也就是我们说的企图心。然后，还要具备以下五个条件。

第一个条件：找到成功的环境。

要想成功就要找到一个成功的环境，人是环境下的产物。"孟母三迁"的故事，说明环境对一个人的影响是巨大的。所以，你在什么环境下就会决定你将成为什么样的人。我在外打工八年都没有成功，就是因为我一直在成功外围的环境。这样的环境很容易让人失去斗志，忘记拼搏。所以，要想成功，找到成功的环境很重要。

第二个条件：找到成功的教练。

如果你想成功，你就要找到教练，谁来教你很重要。李小龙成功的教练是叶问，乔丹、科比成功的教练是菲尔·杰克逊。所以，如果你还没有成功，并不是因为你有多么笨、多么傻，是因为你没有找到成功的教练，没有人来教你。你是谁并不重要，重要的是你的教练是谁。

第三个条件：找到资产型的朋友。

每个人的人际关系中，朋友都分为两种：一种是资产型，还有一种是负债型。这两种朋友的区别不在于金钱，而在于是否能帮你加分。资产型的朋友就是鼓励你，为你加分；负债型的朋友则是为你减分的。显然，资产型的朋友会让我们离成功更近。你和什么样的朋友在一起，你就会成为什么样的人。比尔·盖茨、马云、王健林他们都有世界顶级的人脉。那么，你的朋友是什么样的朋友？你的人脉中有多少是资产型的朋友，有多少是能够为你指引方向的人生导师？你能从你的朋友身上学习到什么？

袁翊杰培训现场

第四个条件：抓住成功的三个关键点。

一是为成功者工作。你想成为比尔·盖茨、马云、李彦宏、王健林那样成功的人，但是现在的你还没有足够的实力跟他们合作，那就先为他们工作。因此，我想成功，我就先要跟随成功者，为他们工作、跟他们学习。我在为他们工作的过程中就会通过他们的言行了解、掌握他们成功的秘诀。

二是和成功者合作。和马赛跑不如骑在马的背上。与成功者合作，你能够学到他们身上的很多东西。比如，他们是如何成功的，他们有哪些优势是我没有的，等等。这个社会不是一个人靠蛮力就能取胜的社会，而是一个需要资源整合的社会，只有与比你更有优势的人合作你才能取长补短，离成功更近。

三是让成功者为你工作。比尔·盖茨在提到自己成功秘诀的时候，曾经说过："因为有更多的成功人士在为我工作。"当你有足够的实力、魅力吸引成功者为你工作时，你所获得的成功必然是更大的成功。

第五个条件：相信自己，发现自己的天才。

每个人生下来都是天才，只是在以后成长的岁月中，很多人的才能都被埋没了。当你发现自己的天才之处，并且专注地、坚定不移地在自己的天才路上走下去，你将很快获得成功。而那些奋斗一生仍然碌碌无为的人，往往都是因为在自己并不擅长的领域里艰苦地努力。所以，我们要想成功，就一定要相信并且发现自己的天才之处，做自己擅长的事比做赚钱的事重要一万倍。

微软公司创始人比尔·盖茨在创办公司之初，曾经在母亲的引荐下认识了后来出任IBM（国际商业机器公司）首席执行官的约翰·欧佩尔。IBM当时已经开发出了个人电脑，希望盖茨可以为其DOS操作系统开发一个新版本的BASIC语言。盖茨表示，BASIC语言的专利权已经给了另外一家公司，微软公司可以为IBM的个人电脑再开发一款授权操作系统，但拒绝向IBM出售该系统的代码。因为盖茨当时就认为，可能会有克隆IBM的个人电脑，同时也会克隆微软公司的操作系统。正是对自己在软件领域天才的坚信，才让盖茨有了这份高瞻远瞩，并由此开创了微软的事业。

第四章

突破自我，发掘潜能

　　每个人身上都隐藏着巨大的潜能。只有那些敢于挑战极限、突破自己的人，才能够发掘出自身的潜能，并借助这些潜能的力量获得巨大的成功。这些潜能，就是独属于你的天才。发现你的天才，是获得成功的终极秘诀。

潜能都是拼出来的

张艺谋导演说过："人的潜力是无限的，一个人就像橡皮筋一样，需要不断地拉，在这个过程中挑战自己的极限，不断扩展自己的能力。"因此，人类在任何环境之下，都需要不断地拉伸自己，挑战自己的极限。只有拼命挑战、拼命努力，才能拼出自己的潜能、拼出自己的天才。

成功三部曲就是：先为成功者工作，之后与成功者合作，最后再让成功者为你工作。这句话像闪电击中我的脑海，终于唤醒我沉睡已久的内心巨人。

有一位开发潜能专家说："没有学历，没有背景，没有人脉，就算你什么都没有，但你一定要有超强而极度渴望的企图心。"所以我每天五点起床，工作到凌晨三四点钟，因为我受够了。当然，我的努力和我的结果也是成正比的——我连续三个月成为公司的销售冠军。到今天，曾经拿到过多少次冠军我都已经记不清了。

在短短两年多时间里我花费数百万元人民币，跑遍世界各地向40多位各领域的世界第一名和200多位上市公司的亿万富豪学习他们个人成长及运营企业的常青之道。这些超级亿万富豪说，如果一个人没有人生使命，这个人是不可能成功的。我思考着：我的人生使命是什么呢？我想，成功学改变了我，让我从失败中走出来，让我的生命亮了起来。我决定把我这两年多向大脑所投资的800多万元人民币，向各领域的世界第一名学到的智慧与精华传授出去。如果能在最短的时间内帮助更多的个人和企业，激发他们的内在的天赋潜能，就将是我一生活着的价值。我要打造一个让所有人和企业都学习得起的学习平台。这个平台的使命就是：只为培养下一代商业领袖。

我研究了很长时间，总结出了发现天才的八大问句，希望这八大问句能帮助你打开天赋潜能的开关：

1.哪八件事最能展现我的耐心？

2.哪八件事是我比别人做得更好的？

3.哪八件事能让我废寝忘食三天三夜不睡觉并兴奋不已？

4.别人最常称赞我哪八件事？

5.哪八件事最能激励或感动我？

6.我觉得五年后我在哪八个方面表现特别杰出？

7.我绝不接受在哪八件事上的退步？

8.我认为我在离开世界的时候，人们最怀念我的八件事是什么？

签下第一个客户

几乎每个人的行动力都来自追求快乐或逃离痛苦。我下定决心来自四个字"我受够了"（逃离痛苦）。你对现在的生活满意吗？你受够收入不够生活的尴尬了吗？你受够被鄙视、被抛弃、被欺骗的感觉了吗？你受够碌碌无为的工作了吗？你真的受够了这一切吗？反正我是受够了！我绝对不能让我和我的家人继续过着那样的生活！

人类行为学家告诉我们：逃避痛苦的驱动力是追求快乐的四倍，痛苦比快乐的影响要大三万倍。这是人的本能决定的。所以，如果你还没有想要改变，还没有突破自我、发掘潜能，最大的可能是你还没有感觉到痛苦，或者说你的痛苦还不够。

我还清晰地记得，加入培训团队的第一天凌晨四点半，无意间听到一张来自演说家梁凯恩的CD，名字叫《你受够了吗》。我一遍一遍地反复听那张CD，里面的话让人是那么撕心裂肺，每一句话都说到了我的内心深处，说到了我的伤口，是那么痛。我一遍又一遍地听老师在CD里说："你受够了吗？"你受够了失去爱的感觉吗？你受够了被抛弃的难过吗？你受够了被轻视跟嘲笑吗？你受够了负债的感受吗？你受够了家人跟你要钱而你身上竟然没有钱吗？你受够了你的收入长期以来一直无法大幅度地增加吗？你受够了自己跟家人的居住环境吗？你受够了由于没有办法提高收入，没有办法给家人提供更好的生活品质吗？你受够了因为自己长得不够好看，因此就不能追求自己喜欢的对象吗？还是你受够了就是因为你没有钱导致跟另一半分手？你受够了只能为钱工作，为还清负债工作，你不能投资因为你没有钱投资，你不能够让钱来替你工作，所以你只能当钱的奴隶，是吗？你受够了嘴上说爱她，却没有钱为她做些什么，连带她出国的能力都没有，是吗？你受够了没有能力好好孝顺父母，让他们为你感到骄傲，是吗？你受够了没有一年可以骄傲地在过年的时候包个大红包给爸爸妈妈让他们放心，是吗？你受够了永远当一个长不大的小孩，永远令父母操心，是吗？你受够了钱永远都不够用，是吗？你受够了吗？你真的受够了吗？……突然，我的全身就像被闪电击中一样，我抱头失声痛哭："是的！我受够了！"我听到我的心在呐喊。过去的画面就像走马灯一样在我的脑海里回放——离开家、出来工作、拿了九个月的400元工资、被别人抛弃……我受够了！我真的受够了！

我看了看窗外的天空，天已经微微亮了，好安静，好像突然所有的一切都停留在那一刻，我只能听到自己内心"怦怦"跳的声音。我走到窗外看了看这个世界，也看了看自己，然后闭上眼睛深呼吸，我告诉我自己："袁翊杰，你应该比你想象中的自己更强大，一个崭新的世界即将出现在你的面前，在这个世界里只有积极正面，只有目标和使命。一个有所作为的人物马上要诞生了，这个人就是你啊！袁翊杰，这个人就是你啊！"

接下来我要做的就是大量地去分享，用演讲通过自身的故事和感悟去感染更多的人。我知道在生活当中和我的处境差不多甚至比我更不堪的人实在太多了，我想，之前这么多的磨难都是上天为了锻炼我，让我来到这世界上也是有理由的——帮助更多的人发现自己的天才，逃离痛苦。

从现在起，我要正式发挥自己的价值，那就是无限地传播心中的爱，发自内心地去帮助别人、启发别人。我与之前在KTV一起工作的一个同事分享我未来的梦想和伟大目标，以及我对过去人生痛苦的感悟，我决定要做一个让所有人都刮目相看的人。我没想到短短的分享却为我带来了意外的收获，我之前的同事决定要支持我的梦想，他决定要和我一起成长，一起完成使命，帮助更多的人，让更多的人的生命亮起来。

他的支持给了我莫大的鼓励和勇气——原来在帮助他人、与他人分享的过程中，自我的价值也可以得到提升。于是，他成了我的第一位客户。现在的他也非常成功，在墨尔本有了自己的产业。他也很感谢我，同时感谢他当初做的那个决定。

有了第一次的成功，我就更有信心去完成第二次、第三次、第四次……帮助一个又一个人的生命亮起来，我就觉得自己可以成为更伟大的推销员。

为什么有的人还没能突破自我？因为他没有一个能令自己产生足够痛苦的危机，所以无论如何你要快速找到属于你自己的心灵扳机，当你想到你的心灵扳机的时候就左手握拳，提醒自己"这是痛苦"。

只能在失败中体会到痛苦，并长久沉溺于痛苦的人，一定不会收获成功的希望。如果我在一次又一次的失败中，因痛苦而放弃自己、放弃梦想，那么我

袁翊杰与演说家梁凯恩合影

就不会有机会让自己和别人的生命亮起来，也不会有之后的成绩。我庆幸自己听了梁凯恩老师的CD，感谢梁凯恩老师一遍又一遍地问"你受够了吗"。这句话不仅问醒了我，也问醒了我的成功之路，还让我问醒了我的第一位客户，更让我有机会去问醒更多的人。

直到现在，我也没有忘记自己的初衷，每天还会问自己"你受够了吗"。所有人都可以去追求改变，都可以"受够了"自己当前的生活。但是"我受够了"并不是嘴上说说，真正想要成功的人一定会把"我受够了"化为前进的动力，去疯狂地行动，去疯狂地做会让自己成功的事，进而让"我受够了"变成"我成功了"。

21天刷新培训公司销售纪录

一个人在自己的人生道路上，最重要的并不是打败敌人，打败竞争对手，而是如何突破自己。然而，每个人在各自的人生道路上，最难的一件事就是突破自己。

超越竞争对手并不难，然而你超越了竞争对手之后还会怎么做呢？继续找下一个对手？继续突破更多的竞争对手？如果你成了行业顶尖的人物，没有人能和你竞争，那么你又要超越谁呢？没有目标了，难道就可以满足现状，享受生活了吗？显然不能！如果因为自己成为行业顶尖人物就开始松懈，那么最终你还是会从高处摔下去。

世界著名领导力大师约翰·麦斯威尔说："人生最怕的两件事：一是目标达成了，二是目标没有达成。"因此，即使成为行业顶尖的人物，还是要去找"竞争对手"，那么此时的"竞争对手"只有自己。与其在最后关头再去突破自己，还不如一开始就尝试突破自己。只有不断地把"突破自己"作为行动目标，才能不断地深入发掘自己的潜能，才能让自己一直稳稳地坐在成功者的宝座之上。

我还记得，我人生的第一次顶峰，是在进入成功团队的第21天——成为团队的销售冠军，拿到了人生的第一笔佣金——78000元。在天才指引的道路上，任何人只要有脚踏实地的工匠精神，肯定都有机会成为团队、企业，乃至整个行业的第一名。

我只是突破了公司的纪录，我想突破我自己的纪录、突破行业的纪录。我还要继续努力，我想成为真正的销售冠军。

在我连续七次成为公司的销售冠军之后，意外之喜降临在了我的面前。在福建厦门杏林湾大酒店"与大师同行"的课上，我荣幸地获得了所在培训机构首席培训专家亲自颁发的全国总冠军奖杯。这是用汗水换来的成果，彻底的成功就是最甜蜜的复仇，之前不管受过多少磨难，在这一刻都是值得的。那一天，我看到了巨大的希望，我的信念和能量都得到了一次升华——原本我是一个什么都没有的贵州山村放牛的孩子；原本我是一个九个半月没有业绩连房租都交不起而被房东赶出门的失败的销售员；原本我是一个走投无路，只能去KTV刷马桶的小弟；原本我是一个晚上被人追赶九次的路边摊小贩……这样的我，却在一次又一次的突破中，得到了梦寐以求的"奖励"。

不要去羡慕别人有多成功，更不要去看别人做出了多少成绩。现在你要做的就是放下一切外界的诱惑，专注于发现自己的天才，专注于天才指引的道路，不断地一次又一次地突破自己。每个人都应该问自己："你准备好突破自己了吗？你准备好挑战自己了吗？你准备好打败自己了吗？"如果回答是肯定的，那么就要立刻付出行动，付出努力，付出辛劳，挥洒汗水……没有行动的突破就是白日做梦，没有努力的突破是不可能实现的，没有辛劳的突破就难以成功，没有汗水浇灌的突破并非真正的突破。

真正的突破应该建立在自己当前的极限之上，比如我进公司的第21天拿到了公司的第一名，那是我当时的极限。可是我还要不断地突破，于是我拿了七个月的第一名，成为整个团队的销售冠军，这就是我不断突破自我的收获。在不断地突破之下，一个人不仅能深入发掘自己的潜能，还能用自己的感染力、影响力带领更多的人发掘潜能。这是天才的力量，是成功的力量。天才指引了成功的道路，成功可以让一个人成为一个行业、一个领域中的领导者，并赋予这个人领导者的能力和使命，进而引领更多的人突破自我，发掘潜能，找到自己的才能，走向成功！

非常努力与非常舍得

在开发出自己的潜能后，你可能会得到一定的收获，但是短暂的收获只是一个甜美的果实。当你把手里唯一的果实吃完了，就没有了。因此，有梦想、有企图心的人，应该学会去种一棵"树"，让"树"不断地结出更多的果实，才能让自己一直品尝成功的甜美滋味。

树不是一朝一夕就能种下的，你首先要去找一棵能结出果实的树苗，然后找到一块肥沃的土地，你可能还要顶着烈日或暴风雨挖一个坑，再小心翼翼地把树苗种下。种下树苗后，你还不能不管不问，你要每天努力地去浇水、施肥、除虫，还要努力地保护幼小的树苗不被烈日晒干、不被暴风雨吹倒。只有在不断的细心呵护下，树苗才能茁壮成长，最终结出满树的果实。

发现自己的天才，走向最终的成功，就是在心中种树的过程；"找到一棵能结出果实的树苗"就是发现天才的过程；"甜美的果实"就是成功的收获。如果在树结出果实后，就满足于一树的果实，果实同样也会有被吃完的一天。只有让树不断地成长，用自己的努力和汗水浇灌这棵树，让树一年又一年地结出更多的果实，才能源源不断地品尝到成功的甜美。因此，人必须要努力，必须要非常努力，才能让成功之树在生命中屹立不倒。

仅仅是努力还不够，还要非常舍得。守着一树的果实，不能只让种树的人去品尝，还要让更多的人去品尝。当然，并不是要种树的人完全无私地把自己的成功分享给别人，那样只会增长别人的惰性，是非常不好的行为。而是在收取一定的报酬的前提下，与别人共同分享。

我一直相信天上不可能无缘无故地掉馅饼。在成功获得第一位客户之后，我还要继续努力才能获得第二位、第三位……乃至更多的客户。但是，上天特别喜欢跟人开玩笑，总喜欢在给人一颗糖后再甩人一巴掌。比如我获取第一位客户如此顺利，但是我的第二位客户就给了我"一巴掌"。

我的第二位客户是一位美发店的员工，即使我付出了努力，向我的第二位客户分享我的成长对他未来的帮助，过程依然不太顺利。他一次又一次地拒绝了我，我把这种拒绝看成是成长路上必经历的一个过程。到今天有多少人拒绝过我，我都已经记不清了。所有成功者、大成者都是被拒绝出来的，所有的大成者都会经历三个步骤：一开始遭到奚落，再次遭到强烈的反对，最终才成为不证自明、为人接受的事实。

就像人不是一出生就会说话、唱歌、演说一样，所有的潜能、天才都是靠着后天的努力，在信念中发现的。努力是前进路上必不可少的重要因素，也是所有成功者必备的前进"工具"。梦想、信念、目标都是做出来的，而努力就是承载梦想、信念、目标的容器。一个渴望获得成功的人如果丢弃了这个容器，那么梦想、信念、目标就会变得散乱，并在前进的道路上被一一遗失。当梦想、信念、目标都被遗失了之后，人就会变得懒惰、没有干劲，更不会去积极争取成功。因此，所有人都要去努力，必须去努力，而且还要变得非常努力。

地球是圆的，付出才能杰出，有付出才会有回报。《自己就是一座宝藏》书中这样写道："金钱是价值的交换，你赚多少钱和你赋予多少人的价值是成正比的。"因此，除了非常努力之外，我还要让自己变得非常舍得。我要让自己舍得赋予每一位客户更多的价值，只有这样客户才会回报我同等的价值。

某天早上，我的第三位客户主动找到我，她对我说："我一定要改变我自己！"当时她只是一个做美容行业的小姑娘，身上也只有几百元钱，交不起学费。她后来找她的店长借钱，比我幸运的是，她的店长能够理解她想要学习、想要改变自己的心，爽快地同意了她借钱的要求。如果我的人生能遇到这样帮助我的人，我大概就会少许多痛苦，但是每个人都有不同的命运。既然上天给了我更大的痛苦，那么就会给我更大的成功。

王嘉悦与袁翊杰合影

我的努力和舍得，让我可以为更多的人创造价值，同时这些人也为我带来一定的价值。他们都是我自身价值的见证人，他们让我的努力和舍得没有白费，也让我变得非常努力、非常舍得。只要能够变得非常努力、非常舍得，无论你的学历、家庭条件、生活状况怎样，都能成为价值的创造者，成为行业中顶尖的成功者。

用真挚去打动顾客

你有多用心，客户就有多动心。没有什么比"努力＋真挚"更能打动人心的。如果只依靠努力，完全让自己沉浸在努力之中，不去考虑客户的感受，那也很难把销售做好，更难以取得成功。马云、马化腾、李彦宏等这些成功的企业家都会把客户的需求放在首位，甚至把客户看作是自己的生命。促使他们这么做的并不是客户能为他们带来多大的利益，而是因为他们都有一颗真挚的心。

在热情、真诚地对待客户这一点上，世界最伟大的推销员乔·吉拉德说："你知道，真诚是你从书本上读不到的东西，只可意会，不可言传。你得学会自然，人们喜欢诚实的人。一名销售员必须诚实并且处处为客户着想。打个比方，你知道是什么东西造就一家生意兴隆的餐馆的吗？是一传十、十传百的声誉，是那些伟大的餐馆的厨师呈上的爱心和热情。"

我拼命地努力，只可以在一定程度上感动别人，而能打动客户的，只有我的真挚。虽然我可以旁若无人地付出努力，但是我面对客户的时候，我的每个表情、每一句话、每一个动作都是源自内心的情感表达。我曾经的经历告诉我，只有在客户面前"掏心掏肺"，向他们展示最真实的自己，他们才会付出与我的努力等价的回报。

并不是每个人一出生就有一个良好的家庭，也不是每个出生就拥有幸福家庭的人，在今后的生活中不会遇到家庭变故。没有天才和成功保障的幸福都难以长久，没有幸福支撑的家庭都是不幸。出来为生活打拼的人，有谁只是为了解决个人温饱问题而努力？有谁只是为了赚钱养活自己而工作？有谁只想在现有的岗位上碌碌无为地过一生？当然没有！每个人都想为自己、为家庭争一口气，都想让自己在职业生涯中一路攀登，都想让家人跟着自己过上富足的生活。不论在外付出了多大的努力、受到了多大的委屈、经历了多少磨难，多数人心中想的都是"我自己可以苦一点、累一点，但绝不能让我的家人跟着吃苦受累"。

我也想为家庭争口气。我出生在贵州茶园农村，我的父母、我的两个哥哥以及我都没怎么念过书，他们还先后陷入被动的绝境。如果只是像普通的穷苦家庭那样，可能我的父母还不会老得那么快，但是不幸总喜欢接二连三地"光顾"我家。我无论如何都要为这个家争口气！我不能让生我、养我的父母再度失望！我要捧回成功让全家人都获得幸福！

家庭的不幸不能成为你不去奋斗的理由。反而，我认为出生在比普通小康家庭还要差的家庭环境中，会促使一个人比一般人付出更多的努力、更多的真心、更多的时间来获取更多的成功。因此，我能取得今天的成绩，除了我自身的信念之外，"为家族争气"也是一个激发我前进动力的条件。在"为家族争气"的单纯想法中，我总是想要尽可能地留住每一位客户，尽可能地拓展我的客户数量，因此我尽可能地对我的每一位客户展现我的真心，想凭借我的真心留住他们。

糟糕、不幸的家庭，不会成为发现天才的阻碍，更不会成为成功道路上的阻碍。反而，出生在糟糕、不幸的家庭中的人，比一般人更单纯、更渴望成功。这种对成功的极度需求，会成为一个人发现天才、一路向上的动力，可以让一个人比普通人走得更长、更远。

家庭不能给予我支持，我也清楚自身的条件不够好。如果我足够聪明的话，前面也不会走了那么多弯路。幸好上天对每个人都足够公平，走了那么多艰辛的道路之后，我终于获得了理想中的成功。

我的这份努力和这份真挚，在一次意外车祸中得到了最好的回报。某天晚上下班，我们坐车回宿舍。然而，司机失误与其他的车相撞，出了意外事故。当时我正在跟我的第三位客户打电话，我的话还没有说完，车祸就打断了我们之间的交流。当时车上一共有九个人，全部当场昏迷。我是第一个醒来的，醒来后我发现手机上多了许多未接电话，都是我的第三位客户打来的。我打电话报警之后，立即给那位客户回了电话。我告诉她"我出车祸了"，然后继续和她进行车祸前的交流。

如果车祸只是给我带来一点伤痕或者普通的伤疤，那倒不算什么，可是在车祸中受伤最重的是我二哥。在电话和工作中，我们彼此努力、彼此扶持。出车祸后，二哥当天晚上11点钟开始做手术，直到凌晨四点钟手术才做完。第二天的晚上七点钟，二哥终于醒了。二哥醒来的第一句话，不是问自己怎么了，也不是问我怎么样，而是问那个与我打电话的客户的状况。因为我们都在为客户真心地付出，我们甚至可以拿命来证明自己对客户的真挚情感。

当你把支持过你的人看得比命都重要，甚至在自己的危急关头，第一个想到的却是客户。"一切为了客户"几乎成了你行动的本能。我的第三位客户得知我出车祸之后非常担心我，明明只是一个普通的女孩子，一个身无分文的小姑娘，却因为担心千里迢迢地来看我，并忠诚地追随着我走到了今天。这是我努力用真心换来的结果，也是我用真挚打动客户应得的成果。

无论家庭如何，无论自身外貌是否好看、智商是否超群，只要愿意付出努力、付出真心，用真挚去打动客户，用真实的自己去感动别人，就可以让自己具备成功者最重要的素质和品德，还能凭借一颗真心赢得更多人的追随。

真枪实弹干出成绩

不要假装很努力，因为结果不会陪你演戏，应该属于自己的东西，就一定会属于自己。王健林、马云的财产能排上中国富豪榜单的前几名，是因为这些财富本来就应该属于他们，是他们靠自己的努力、实力、毅力做出来的成绩。没有什么比真实的付出更容易获得稳定的成功，也没有什么比真枪实弹干出的成绩更容易带来自豪感。

做出伟大的产品比赚钱更重要，花90%的精力在研究你的产品是否对别人有帮助上，只花10%的精力在策略和营销上，这是每一个企业的必修课。成为第一名比赚更多钱重要很多，因为第一名一定不差钱。也许一个人在某个行业、某个领域遇到许多灾难和不幸，但是只要自己做的每一件事都是给客户带来更实际、更好的体验，你的产品对你的客户有帮助，你自然会获得更多客户的支持。只要自己做的每一件事都是真枪实弹干出来的，即使其他人都排挤你、不看好你，甚至怀疑你、责骂你，你也能够做出一番成就，并超越所有冷眼看你的人，成为他们完全想象不到的成功者。

现实生活就是喜欢不停地给人打击，即使用努力、信念为自己创造了价值，上天还是喜欢用各种方式、各种理由夺走你的财富。但是，只要你愿意真心地付出，哪怕财富被夺走一次又一次，也会有新的财富来到你的面前。真心的付出会让你变得更加杰出，让你离天才更近一步。

不幸和痛苦总是变着法子想要让我放弃努力、放弃信念、放弃梦想。二哥在那场车祸中受到了极其严重的伤害——他看不见了。因为二哥的后脑勺受到了严重的创伤，损伤到了眼睛的神经，所以我必须留在医院照顾他。我们是亲兄弟，是在困难时期彼此相依的亲兄弟，他受了这样的伤害我除了尽自己所能地照顾他、帮助他，也没有改变现状更好的办法了。

尽管如此，我依然保持着团队中的第一名。这一切都得益于我过去为客户创造的价值。当我遇到困难的时候，他们用百倍、千倍的付出回报给我。一直以来，我都非常清楚，成为第一名比赚钱更重要，为客户创造巨大的价值比赚钱更重要。

袁翊杰在2017（第十六届）中国企业领袖年会活动现场

只要你一心为客户创造巨大的价值，你就会获得更多的支持。有了这些支持，无论你处于怎样的环境中，都可以很快地适应环境带来的不便和艰险。哪怕被突如其来的事故夺走现有的财富，只要努力还在，信念还在，梦想还在，成功的目标还在，你依然可以干出一番成就，把失去的财富再赚回来。

人总不能只为自己而活。当你做到优秀卓越的时候，你的责任和使命会更大，当你学会为更多人活的时候，你的生命才真正的开始。一个老板的格局就是赚取更多的金钱财富，但一个企业家的格局是成为社会的中流砥柱，为社会承担起责任，让更多人因为你的存在而生活得更加美好。企业家精神是一种情怀，一种格局，一种境界。

我深感一对一的分享是不够的，所以我决定站上舞台用公众演说的方式去帮助更多的人和企业。

企业家马云一开始只是一名英语老师，后来他开始创办翻译工作室，然后又开始做网站，最后在电商领域中达到了第一个顶峰。但是，马云并没有因为电商已经做到了极致而停滞，他继续带领团队创办了支付宝、菜鸟物流……不仅在电商领域，在网络支付、快递、外卖等领域，马云都凭自己的实力取得了真枪实弹的成绩。

我相信任何能站上行业顶端的成功者的成绩，都是靠着自己的能力实干出来的。所以，我要站在舞台上，通过公众演说的方式帮助更多的人，以最短的时间、最快的速度传播成功之道，去帮助更多的个人和企业打开成功的开关。

热爱，唤醒天才潜能

从小就被称为"天才"的人，在万人称赞、锦衣玉食的生活中长大后，在人生必须经历的艰难险阻面前，反而会显得脆弱、不堪一击。反观那些从小就不够聪明、出生背景不够好的孩子，他们反而会从骨子里散发出一股拼劲。经历过人世间的苦难后，从小就被称为"天才"的孩子多数都变得默默无闻，而那些承受住苦难的"笨"孩子却更容易成长为行业中的领袖。并不能说那些小"天才"们在发现天才的道路上走错了方向，也不能说那些成功人士都是天生的"天才"，只能说他们对"天才"的认知存在一定的差别。

真正的成功者具备的"天才"，一定体现在他们热爱的事业上。命运不会让一个人仅凭天才就幸福快乐地度过一生，任何人都应该以发展的眼光去看待天才指引的道路，而不是只想着获取短暂的荣耀。想要长期、稳定地在某个行业、某个领域发展下去，最好的能量就是"热爱"。热爱不仅能让一个人在属于自己的天才领域里一路坚持到底，还能让人在热爱中唤醒天才的潜能。

从跑龙套到"收视女王"，从出身不好到知名女演员，赵丽颖一路走来，可以说全凭"热爱演戏"。赵丽颖曾在接受采访时说："我希望大家可以相信，像我们这样的年轻演员也很努力，也在奋斗，不要认为演员年轻、资历浅就没有付出。我不会因为别人的言论就停止脚步，我选择为梦想努力，所以有些东西我选择性地忽略。我愿意把精力花在演戏上，对其他东西不太想了解，也不想受外界干扰。"因为热爱演戏，她无暇顾及媒体、网友对她的学历、出身的抨击；因为热爱演戏，她几乎把所有的时间和精力都放在了拍戏上，她也不会觉得辛苦。可以说，正是这份热爱发掘出了赵丽颖的潜能，成就了赵丽颖的演员梦。

创造奇迹的成功者，必定热爱自己的事业、热爱自己的天才、热爱自己的客户……因为奇迹都是在热爱中创造出来的。比如我就非常热爱销售、热爱演讲，因为热爱所以才想把销售和演讲做到最好，能做到最好才能成功。同时，热爱也让我在销售和演讲上发现了上天赋予我的才能，让我无限地激发出更多的潜力。

天才并不是创造奇迹的全部条件，热爱才是创造奇迹的根本。《悟空传》主题曲的演唱者华晨宇说过："我在做我喜欢做的事情，可是又有多少人可以做自己喜欢的事情呢？天才只是能够做一些常人觉得做不到的事情，可是那不是奇迹，只是在一件自己喜欢的事情上愿意下功夫而已。如果每个人足够自由，也就有足够的时间去创造奇迹，人人都是天才。"只有怀着一颗热爱的心，做自己喜欢做的事，才能在自己喜欢的事上有所成就，有了成就才能进一步成功。因此，无论一个人身处怎样困苦的环境中，无论前方的道路多么坎坷，都要去想"我喜欢做什么""我想要去做什么""我热爱的事业是什么"。在确定了自己热爱的事业之后，才能让天才的潜能爆发出来，创造属于自己的奇迹。

如果每个人都做自己喜欢做的事，在自己热爱的事情上努力燃烧自我，实现自我的价值，那么每个人都能成为奇迹的种子，并有很大的概率迸发出超越自身的能量。

　　热爱能让天才的潜能得到升华，再加上坚定的信念和拼搏的努力，就能让一个人创造出"奇迹中的奇迹"，让一个处于社会最底层的人攀登到所有人都要抬头仰望的高度。

第五章

坚持成功的信念

当我们开始追逐梦想的时候，我们会发现现实比想象中残酷，一切都不像我们当初预想的那么容易。挫折、困难一个接一个，躲过了这个，那个又袭来。我们有很多借口不再坚持下去，因为那些日子真的很难熬。但是，最终的胜利只属于那些始终坚持成功的信念且不放弃的人。

不要以利润为导向去做你所钟爱的事业

发现天才只是成功的开端，真正的成功之路漫长且没有终点。只要一个人能不断地突破自我，就能不断地创造奇迹取得成功。而支持一个人能沿着没有终点的成功之路一直走下去的，就是坚持不断突破自我的信念、坚持成功的信念。但是信念是"消耗品"，如果不能得到及时的补充，就会快速消耗殆尽。没有人能在一条没有尽头的道路上，在拒绝补充信念能源的情况下，让成功的信念永不磨灭。

补充信念最好的办法，就是为自己制订短期的目标，然后让自己努力去实现这个目标。在实现目标的过程中，人们时常会得到许多收获以及成就感。这些收获和成就感会通过人的内心转化成产生、维持信念的动力。比如我在创业初期，就给自己制订了每天必须完成的目标。每当完成一个目标，我都会感到轻松、愉快、兴奋，然后"我会成功"的信念就变得更加坚定。

我从六平方米的办公室开始创业，每天不停地打电话，不停地销售课程。为了我自己、为了我对成功的渴望、改变家庭命运，我必须去成交。在我顽强的信念和毅力之下，站在六平方米办公室的天台上，每天都能打三四百个电话。因为"每天都必须要去成交"是我为自己定下的目标，而我必须完成这个目标才能离成功更近一步。

享誉全球、影响了世界电商行业发展的亚马逊公司，是一家从车库里走出来的科技巨头。

1994年，贝佐斯是一家基金交易管理公司最年轻的副总裁，前途不可限量。但他敏锐地发现，互联网行业将会有更大的机会。于是，他毅然辞职，选择追逐梦想。

1995年，贝佐斯将一个破旧的车库改装成仓库和工作间，买了三台"升阳"微系统电脑，亚马逊书店就算正式成立了。他没有租卖书的店面，也没有招聘销售人员，甚至没有大批量的进货。他只是招了四名程序员写程序。亚马逊书店上架一个月后，卖出了第一本书。此时，贝佐斯的主要工作就是配合程序员做一些琐事，比如到仓库找到客户要的书，然后送到邮局寄出。而亚马逊书店的生意总是有一搭没一搭的，随时可能倒闭的状态持续了将近两年。但贝佐斯从来没有怀疑过自己的判断，他一直坚信"我一定会成功"。奇迹发生在两年后——1997年亚马逊书店终于赶上了互联网飞速发展的机遇而快速崛起，仅用半年时间就完成了第一个目标——成为全球最大的网上书店。

亚马逊创始人贝佐斯工作场景

任何人都应该定下超越自己现有境界的目标，并付出最大的努力去完成这个目标。只有在不断突破自己、完成目标的过程中，人的信念才会变得越来越强大，才会坚持自己"一定会成功"的信念。

如果一个人每次通过自身极致的努力都能实现目标，那么只能说他的运气太好了。因为努力只是提高了实现目标的概率，并不是实现目标的保障。不努力的人实现目标的概率为0，但是即使极致地努力过，实现目标的概率也不会是100%。因此，当你为自己定下一个目标，而你又不能及时完成这个目标的时候，你就必须惩罚自己，去逼自己一把。

惩罚并不是为了打击自己对成功的积极性，而是为了告诉自己"你还不够努力""你应该可以做得更好""不要为自己的失败找任何借口"等，进而提高自己实现目标的欲望。

我每天坚持拜访200个客户，可是我也有无法完成目标的时候。当我没有完成目标时，我给自己的惩罚就是"不吃饭"，并且告诉自己："我没有完成自己的目标，我愧对自己、愧对客户！因为我没有帮助到别人，所以我要惩罚自己！"当时的我本来就一无所有，我想不到更好的惩罚办法，所以我只能罚自己不吃饭。有时候，我早上七点买一份早餐放在一边，到中午一两点我都没能帮助别人、没能吃上一口。因为不成交，我就没资格吃饭，我只能喝水，直到完成目标。

这个世界上没有永恒的成功，同样没有永恒的失败。失败造成精神上的痛苦，可以被人们通过惩罚的方式转化成肉体上的痛苦，鞭策人们为实现目标更加努力、更加勤奋。

努力到无能为力

俗话说："天道酬勤。"到底要付出多少努力，才算拼命努力、努力到极限？在我的眼里，努力到晕倒为止才算一个人真正的极限努力。因为当一个人晕倒的时候，身体才不能做出任何行动，大脑才不能做出任何思考。哪怕身体极度劳累、大脑疼痛不已，只要身体还能听从大脑的指挥继续行动，那么就不算努力到极致，更不算努力到晕倒。

努力可以弥补一个人身上的一切不足，努力越多弥补得越多，得到的也会越多。

篮球"飞人"乔丹，曾经并不被看好，但是乔丹是篮球界公认的"训练狂魔"，很少有人的训练量能超过乔丹。乔丹在训练上付出了极致的努力，在大学期间他曾把自己练到晕倒。乔丹说："作为一名篮球运动员，要时刻学习，我花了很长时间研究自己，以确保在比赛中尽可能无懈可击。我没有一天不想训练，不想上场比赛，我总是逼迫自己比对手更强。我不断地强化各个环节，而后应用在比赛中。"把自己训练到晕倒，就是乔丹的觉悟，是他在天才指引的道路上不断突破自己、实现自我价值的证明。

十年后的你，一定会感激如此拼命的自己，所有从社会底层爬上顶层的成功者，一定都有努力到晕倒的经历。不仅要努力，还要紧紧抓住成功的信念，在天才指引的道路上一直努力，努力到晕倒，爬起来再继续努力。直到失去了行动能力，失去了思考能力，最后生命终结，你才能拥有不用继续努力的理由。

为了充分发挥自己的天才，成为超级演说家，我比任何人都拼，而且我的每一次努力肯定都比上一次的努力付出得更多。我的努力，让我的学员都难以想象。

篮球"飞人"乔丹

我的学员经常深夜两三点钟还会接到我的电话，因为我随时会把我的学习心得、想法分享给他们，给予他们解决问题的答案，为他们指引成功之路。

我用自己努力的精神去感染我的团队，让整个团队都在"努力到无能为力"的工作状态下变得越来越努力、向上。努力是一个人在成功道路上获得更多的基本条件。只有用努力的汗水去浇灌成功的种子，它才有可能发芽、成长，最后结出丰满、甜美的果实。彻底的成功就是最甜蜜的复仇，当你达成目标的时候，你以往所付出的辛酸和汗水都是值得的。

冠军的人生是开启天才的第一步

　　真正的成功者不会满足"一个"第一名，而是会渴望"无数个"第一名。所以即使多次获得第一名依然不能满足我，我还想继续突破自我，站到更大的舞台上。在一次《与大师同行》的课程上，陈安之老师让我对着来自全国的3000多名企业家演讲，分享我的"成功秘诀"。

　　第一次站上这么大的舞台，第一次面对那么多人进行演讲，我怎么可能不紧张、不激动？就像刘德华在《今天》中所唱的："如今站在台上，也难免心慌，如果要飞得高，就该把地平线忘掉，等了好久终于等到今天，梦了好久终于把梦实现……"除了心慌，我内心更多的是感谢、兴奋和自信。这是老师对我的认可，这份认同给了我莫大的鼓励，更给了我巨大的信心以及前进的动力。所以，虽然有些激动和紧张，我依然坚定地分享了我的六大成功经验。

　　方法一：企图心。冯仑在其著作《伟大是熬出来的》一书中提到，有史以来，所有成功都具备三个条件，任何一个领域都一样。第一个条件是拥有强烈的企图心，第二个条件是拥有强烈的企图心，第三个条件仍旧是拥有强烈的企图心。有一句话说得好："眼睛所看着的地方，就是你会到达的地方。"一个人能走多远，取决于他能想多远；一个人成功的程度，取决于他的胸襟有多广阔。

只要人有欲望，就会有企图心。当一个人对成功的欲望占领上风的时候，成功的企图心就会无限扩大。虽然我是一个在农村里出生的放牛娃，但我有着强烈渴望成功的企图心。企图心让我走出农村，让我不断地尝试，让我刷新一个又一个纪录，让我去发现我的天才……从我选择走出大山的时候，渴望成功的企图心就已经成了我的生命。

每当上天赐予我磨难，而我自身的能力又难以克服磨难的时候，企图心就成为我克服磨难的唯一武器。我在一遍又一遍地战胜磨难的过程中，完成了自我的突破，完成了一个又一个其他人都难以完成的销售业绩，一次又一次地战胜自己获取第一名。因此，企图心是所有成功者的初心，也是所有渴望成功的人都必须养成的初心。

方法二：和第一名交朋友。泰康人寿保险公司的创始人兼董事长陈东升认为自己的成功源于"武汉大学"这个平台让他有机会和许多优秀的人在一起。他曾说，"她改变了我的人生，为我打下在人生道路中成功的基础。当我遇到困难的时候，同学是我最好的老师，学校就是我的家。"在武汉大学，陈东升加入了一个名为"多学科讨论会"的学生组织，组织中的成员是来自各个专业的优秀学子。直到毕业多年，这些优秀的同学依然是陈东升追求更好的自己最

袁翊杰与泰康人寿集团董事长陈东升合影

大的动力和助力。正是看到这些同学都取得了骄人的成绩，促使陈东升下定决心创业，进而有了泰康人寿保险公司。

要想成为第一名，就要知道谁是真正的第一名。与第一名交朋友，是渴望成功的人最基本的行动。只有与现有的第一名交朋友，或者向现有的第一名拜师，才能有机会接近第一名，进而才有机会向第一名学习。

和第一名交朋友，就是要尽可能地靠近第一名，感受第一名的气场。第一名的气场可以让一个人感受到自己现在的能力与第一名的差距，让人产生"只要通过努力，我也能变成第一名"的感觉。所以在第一名的气场下，普通人也会变得更加努力、自信。

方法三：向第一名学习。与第一名交朋友的主要目的，就是为了更好地向第一名学习。如果一个人积极主动地与第一名搞好关系，那么这个人就能更好地与第一名交流，更快地学习第一名成功的经验。他人成功的经验，可以弥补一个人自身的不足，让一个人尽可能地在成功之路上少走弯路。

我有一个学员叫林川雷，49岁，来自四川省成都市。

一场病导致林川雷的脸部严重毁容。为了治病，五年时间里她花光了所有的积蓄，还负债40万元人民币。她没有任何的经济来源，也没有任何人帮助她，连她老公都远离她，对她不闻不问。她过着生不如死的日子，曾经痛苦到自杀三次，但很幸运她最终还是活下来了。

每个人的生命都有两次，一次是父母给予的，还有一次是教练的灵魂唤醒的。她在跟随我学习的过程中付出了非一般的努力，并且严格按培训的要求去执行。最后，她的命运像魔术般发生改变。短短三个月的时间，她净赚了160多万元人民币，还清了自己所有的负债，还在成都成立了自己的公司。

请记住：你把学习成长看得有多重要，你未来的成就就有多大。

林川雷购车后合影

方法四：付出第一名的代价。一个不懂努力、不懂付出的人，根本不可能成功。任何成功者、第一名都一定在背后付出了他人难以想象的代价。这个代价可能是大量的汗水、大量的金钱、大量的时间，甚至有可能是生命。无论是怎样的代价，都不会奇怪，因为企图心越大的人，付出的代价越是疯狂。因此，想要成为第一名的人，就必须先付出和第一名一样的代价，甚至要付出超越第一名的代价。

新东方教育集团，俞敏洪第一次参加高考因为英语只考了33分而落榜，第二次参加高考又因为英语只考了55分而落榜。但两次高考失利的打击并没有浇灭俞敏洪想上大学以及到更广阔的天地去寻找梦想的决心，他决定参加第三次高考。这一次，他比第一次、第二次付出了更大的代价——他的母亲冒着大雨四处找人，恳求他们收下俞敏洪；他为了提高英语成绩，死记硬背下300个英语句子，把英语成绩提高到99分。而这些付出最终帮他推开了北京大学西语系的大门。

如果一个人已经发现了自己的天才，并可以灵活运用自己的天才，那么只要付出和第一名几乎相同的代价就有很大的机会超过第一名。但是，如果一个人没有发现自己的天才，甚至不知道自己到底应该做些什么，那么就需要先付出相应的代价来唤醒自身的天才，然后再付出与第一名相同的代价才能有机会实现超越。

方法五：努力超过所有人。向第一名学习的主要目的，就是想办法超过第一名。有些人可能也这么做了，并且获得了非常好的效果——超过了第一名，让自己成为新的第一名。但是，成为第一名之后，有些人可能就开始松懈，他们会想："我已经是第一名了，我已经拿到了最好的成绩，我已经是一名成功者了，终于可以放松了。"别忘了，即使你拿到了第一名，别人有一天也会超过你，如果你不继续努力的话。所以，为了让自己稳坐第一名的位置，为了让自己成为真正无人能超越的成功者，就必须不断地努力。不仅要努力超过其他人，还要努力突破自己，超过这个领域的所有人。

方法六：有第一名的信念。除了努力之外，最后的成功秘诀就是有第一名的信念。所谓的"第一名的信念"，就是相信自己会成为超越第一名的人，相信自己能超越他人、突破自我，最终坐上成功者的宝座。

拥有第一名的信念就是拥有内在前进的动力。内在的动力就是心理能量，当身体的能量不足以抵抗困难时候，心理的能量就会成为前进的全部动力。如果一个人在没有超越第一名之前，内心的信念就比第一名弱了许多，那么他永远不可能超越第一名，突破自己成为成功者。

当我按照这六大方法付出努力的时候，在不经意间我就成了团队第一名。

虽然这不是我的主要目的，但是我也会为这样的收获感到高兴。因为"第一"是他人对我的认可，也是我的努力超越所有人的证明，更是我为他人付出、帮助他人的证明。因此，我向往第一，也渴望成为第一，更想超越他人、突破自己成为真正的成功者。

没有达成目标，给自己惩罚

新东方教育集团创始人俞敏洪老师说过："一个人的成熟，不是没有了欲望，也不是压抑欲望，而是懂得理性疏导欲望。欲望就像是河流中的水，没有了水就不能叫河，把水堵住不让流，也就没有了美丽的河，让河到处泛滥也不行，只有让河水恰到好处地流，用岸限制水流的方向，最后在岸上种上美丽的树，美丽的河就出现了。"

疏导欲望的最佳方式，就是用特定的方法来逼自己。一定要注意，这种方式绝对不是鞭打自己的肉体，使自己的肉体受到伤害，或者践踏自己的信念，让自己失去成功的信心，而是在惩罚自己的基础上，让自己变得更有动力、更有信心，意志变得更加坚强、坚定，并从心灵上鞭策自己不断突破自我。

所有的潜能都是逼出来的，身先足以率人是所有领导者成功的必要条件。不吃饭这种惩罚方式，对我来说并不是最残酷的惩罚。在我的印象里，我对自己最残酷的惩罚是逼自己喝马桶水。

我还清晰地记得，当时是我28岁生日，我向团队所有伙伴承诺，今天是我的生日，我的庆祝来自目标之后的庆功，达不到目标我就去喝马桶水！虽然我意志坚定、信心十足，但是那一天我最终还是没有完成销售目标。所有的目标没有达成，都是领导人的问题，当我喝下马桶水的那一刻，我看到团队所有伙伴的表情都愧疚、积极、全力以赴，那一刻人心全部凝聚在一起，同时也在我的心里种下了"雪耻"的目标。

　　"雪耻"的最佳方式是成为第一名，成为震撼他人的成功榜样。最重要的是，作为团队领导者，我通过这种方式，身先士卒地做出表率，让团队成员也能够像我一样去拼搏、去努力。

　　喝马桶水只是我惩罚自己的方式之一。这种方式对人心灵的折磨最为残酷，心灵脆弱的人不太适用这种方式来惩罚自己。当然，心灵、信念太过脆弱的人，完全不可能成为人人尊敬、人人向往的成功者。为了让自己的心灵更加坚强，让成功的信念更加坚定，必须用惩罚来打磨。合理的要求是训练，不合理的要求是磨炼。

　　只有在没有完成目标的时候惩罚自己，才能不断地敲响我心灵的警钟，让我坚持成功的信念并更加努力。这样的方式看上去让人有些难以接受，实际上却是最能促使人不断前进的动力。

　　我拼搏努力的样子使我的团队受到了极大的激励，每个人都迸发出巨大的潜力。整个团队的销售业绩突飞猛进地增长，推动着平台快速发展壮大。现在很多老板总是抱怨员工不够努力、不能很好地完成任务，却从来没有反思过："我自己是否能完成任务？我自己是否够努力、够拼命？如果我没有完成任务是否也接受惩罚？如果自己都没有做到，又怎么能要求员工做到呢？"所以，老板与其在那里抱怨员工，不如自己身先士卒，先提高对自己的要求，坚定自己成功的信念，然后再用自己的言行去影响员工。

背井离乡十年，只为一个梦

　　并不是所有人都能按照计划来完成自己的目标，因为计划总是赶不上变化。在外界环境给予一个人的计划极大的打击时，不同的人会做出不同的选择。有些人会直接放弃自己，告诉自己"现实就是这样""人不可能超越现实"；有些人虽然不会直接放弃自己，但是只会按照之前的计划不做任何变通，结果虽然按照计划执行了，但是也不能获得成功；还有些人在遇到计划不能完成的情况时，会忘我地投入手中的事情中，全身心地付出，逼迫自己按时完成目标。忘我地全身心投入会发挥一个人最大的价值，并能够极大地激发出一个人的潜力。成功者一定都是忘我投入的人。

　　我就是一个典型的忘我投入的人，我在全身心地投入事业时，居然忘记了自己十年没有回过家。

　　每一个成功者都经历过常人无法经历的故事。自2007年走出大山到2017年，距离我离开家已经十年了。十年间，我没有一天忘记自己是从农村走出来的"穷小子"，没有一天忘记自己一定要"做出成就，改变家庭命运"的初衷。当我走出大山的那一刻，我对自己承诺：不做出成绩就绝不回家。到2017年，我才带着团队所有核心成员回到老家。真的是十年磨一剑，这十年真的是太苦了。也许这就是老天给我的考验，虽然这种考验时间很久，但它给了我无数宝贵的经验。2017年，当我带着成功的喜悦开着梦想中的奔驰、玛莎拉蒂等车回到家乡时，我对自己说：你终于兑现了自己的承诺。

2017年2月9日（农历正月十三），我永远忘不了这一天。当我们的车从施秉县城，跋涉70多千米山路，来到生我养我的土地——贵州省施秉县茶园村，久违的老家，久违的养育之恩，久违的亲人和亲爱的父母，我回来了。当车子慢慢靠近村庄，看到那条崎岖的山路，我心里是激动，是感恩，是敬畏，同时也是难过和心酸愧疚。看到熟悉而又陌生的山，我哭了，但那是奋斗者的泪水。小时候在地里，在山里，在田埂上，那个曾经不被任何人看好、所有人都认为没有希望的孩子的身影和声音还是那么清晰。我的脑海中不断浮现出曾经的一幕幕，一切就像发生在昨天一样。老家的味道很熟悉，天空很晴朗、万里无云。对，就是这个画面。20年前，大概十岁的时候我曾经看到过这个凯旋的画面，太不可思议了，竟然真的成真了。我的脑海中不由自主地想起了一首自己在这十年常听的一首歌，这首歌也是我行动的心灵启动器。

烛光里的妈妈

歌词：

妈妈，我想对您说，

话到嘴边又咽下。

妈妈，我想对您笑，

眼里却点点泪花。

噢，妈妈，

烛光里的妈妈，

你的黑发泛起了霜花。

噢，妈妈，

烛光里的妈妈，

您的脸颊印着这多牵挂。

噢，妈妈，

烛光里的妈妈，

你的腰身变得不再挺拔。

噢，妈妈，

烛光里的妈妈，

你的眼睛为何失去了光华。

妈妈呀，孩儿已长大，

不愿牵着您的衣襟，

走过春秋冬夏。

噢，妈妈，

烛光里的妈妈，

你的黑发泛起了霜花。

噢，妈妈，

烛光里的妈妈，

你的脸颊印着这多牵挂。

噢，妈妈，

烛光里的妈妈，

你的腰身变得不再挺拔。

噢，妈妈，

烛光里的妈妈，

你的眼睛为何失去了光华。

妈妈呀，孩儿已长大，

不能牵着你的衣襟，

走过春秋冬夏。

妈妈，

烛光里的妈妈，

你的腰身变得不再挺拔。

妈妈，

烛光里的妈妈，

你的眼睛不要失去那光华。

妈妈呀，孩儿已长大，

不想陪在你身边，

怎能走过春秋冬夏。

　　天下的父母没有人不希望儿女陪在自己的身边，但是父母更希望的是看到儿女能成为一名成功者，更希望儿女能为自己的家庭、为自己的家乡争一口气。因此，哪怕儿女为了成功、为了光宗耀祖牺牲掉陪伴在他们身边的时间，多数父母也不会反对，甚至还会表现出支持的态度。

袁翊杰在家乡与家人合影

　　不管一个人有多成功，在他父母的眼里都是孩子，都是需要父母支持的孩子。天底下会无条件支持你的人，只有你的父母。你可以暂时牺牲掉陪伴在他们身边的时间，但是绝对不能忘记父母的恩情，还要尽自己最大的努力来回报他们。

当车子进入茶园村村口，我看到一位老人家驼着背扛着柴火，头上裹着头巾，穿着单薄的衣服，吃力地一步一步走着。车子开到他的面前，老人家也没有抬头示意，低着头颤颤巍巍地用力扛着柴火，而我却早已经看出这是我伟大的母亲。母亲为何没有抬头示意？应该是家里负债累累和当初果断卖掉七只老母鸡的事让全村人耻笑的原因吧。是的，所有人都耻笑她养了一个没有任何希望的儿子，但是我知道，母亲知道我就是她的希望。

母亲变了，变老了，想想她老人家这十年来是怎么过来的？想到这里我心酸不已，叫人把车停在路边，我走下车来，走到母亲跟前。母亲一副慌张的样子，应该是家里负债别人多次要债无法面对的缘故吧。我看着母亲，轻轻地说："妈，我回来了。"母亲似乎没有听到。我又大了点声说："妈，儿子回来了！"母亲还是没有听到。我眼中充满泪水，大声地喊："妈，我回来了！"母亲慢慢抬起头用疲倦的双眼看着我，许久许久没有说话。母亲愣住了，我连忙拿下她背上的柴火，这柴火是那么沉重是那么冰凉。母亲看了看我，看了看我身旁的伙伴，看了看这三台奔驰和玛莎拉蒂轿车，还是没有说话。我跪在她老人家面前骄傲地握着那双布满老茧的手，说："妈，我回来了。"母亲的眼角早就充满了血丝和泪花，忍不住流下了眼泪。她围着我们所有人和汽车转了两圈，干裂的嘴唇抖动了两下，哽咽地说了一句："这么多年了，你怎么才回来？"母亲停顿了一下，又接着说："刚开始我还没有认出来，人老了，眼睛耳朵都不好使了。"我跪在地上抱着母亲放声大哭，母亲也哭了。哭了一会儿，母亲把我从地上拉起来，我骄傲地拉着她的手说："妈，儿子没有辜负您老人家的期望。儿子做到了，感恩您在所有人不支持我的情况下偷偷卖了那七只老母鸡来支持我，我没有让您老人家失望，只是时间太久了。"母亲哽咽地对我说："回来了就好，回来了就好。走，回家我给你做你小时候最爱吃的饭菜。"十年了，能吃上母亲亲手做的饭菜真的是感恩不已，幸福得说不出话来。

鞭炮声齐刷刷地响起，村里的父老乡亲都赶来看热闹，我站在门口给来的每一个人都发一个红包。第一次给家乡的人发红包竟然是那么爽，父亲也激动得说不出话来。

我看到人群中有一位老人一直流着泪骄傲地笑着，因为所有人都来恭喜她培养出这么优秀的儿子。对，这个老人就是我的母亲。

孩子给父母最好的礼物是骄傲，父母给孩子最好的礼物是榜样。

一个成功者的背后站着太多的为你"付出牺牲的人"，这些"付出牺牲的人"可能是自己，可能是自己的父母，也可能是自己的爱人……成功者必须要及时用成功来回报这些为你"付出牺牲的人"，而不是完全忽略这些付出和牺牲。忽略只会留下遗憾，懂得报恩才是成功者应该具备的品德。

孝不能等。2017年我送给父母的第一个礼物就是一套县城里最好的房子，是为了让他们安享晚年，可以住得舒服些。

成功的感觉：帮助别人，成就他人

拥有整片果林的人，就不会在乎把自己的一颗果实送给别人，让别人品尝果实的甜美；拥有一棵大树的人，就不会吝啬树荫让他人获得一片蔽日的阴凉；拥有整个花园的人，就不会讨厌围观花园的路人，让路人闻到鲜花的芬芳……就像拥有成功的成功者，就不会死死守着自己的成功不放，而是用自己的成功来帮助别人，让更多的人都能发现自己的天才，让更多的人都能走上天才指引的正确道路并取得成功。

全国知名培训机构第一次邀请我上台向台下3000多人分享我成为第一名的方法时，在极度紧张和激动的情况下，我还是毫不含糊地向所有人分享了我的成功经验。

在我分享了成为第一名的经验之后，没想到全场有那么多人会起立为我鼓掌，也没想到我在讲述的过程中会泪流满面，甚至许多台下的观众也泪流满面。更让我没想到的是，居然还有学员跑来找我要求签名和合影，我都惊呆了。在我的印象里，被人追着要签名、合影的人除了歌星、影星，就是各行各业顶尖的成功者。我做梦都没想到，居然会有学员主动找我要签名，第一次有当明星的感觉。

我感觉自己在帮助他人的过程中，不仅得到了无与伦比的快乐，还将自己的自信心再度提升了一个境界。如果我不愿意向台下的人分享自己取得第一名的方法，那么我可能就得不到如此多的鼓励、支持和信心。在与人分享、帮助别人的过程中，不仅成就了他人，还成就了自己。

纵观世界上所有的成功者，他们在让自己获得成功的同时，也在尽自己最大的努力帮助他人。比如马云成立了"马云公益基金会"，比尔·盖茨也成立了自己的基金会……这些成功的企业家们，都用自己的财富来帮助穷苦的人。虽然我现在的财富远远比不上他们，但是我要用我的方式来帮助别人。

现在社会上有很多老板，但能称为"企业家"的却不多。老板和企业家的本质区别就在于：老板只为赚到更多的钱，是为自己奋斗；企业家则是为了成就别人而奋斗，他们主动承担更多的社会责任。

所以，并不是说一家企业发展壮大了，老板就变成了企业家。而是要看这家企业的整体经营管理能力，尤其是企业经营者自身的素质、能力以及经营理念是否能够和企业相匹配。简单地说，就是原来的老板是否具有企业家的修养、内涵和格局。企业家在经营企业的过程中，除了创造利润、为股东利益负责之外，还要承担对员工、社会以及环境的社会责任。比如解决更多人的就业问题，把员工变成合伙人，关注员工的身心健康问题，重视保护生态环境等。

世界著名营销战略大师艾里斯说："如果一个小公司想要成为大企业，那么就要遵循'大'的法则，不要把自己看成一个小公司，要着眼于国外，着眼于全球，向全国、全球市场发展。"所以，老板要想成为企业家，要想获得更大的成功，就要主动承担更多的社会责任，要尽全力去帮助别人、成就他人。

我帮助别人的方式就是演说、分享。这种方式虽然没有直接给予物质、金钱，但是影响更长远。物质是消耗品，我给予不了他们过多的消耗品，却可以通过给予他人强大、不可消耗的信念力量来替代消耗品。授人以鱼，不如授人以渔。我要给予更多的人成功的信念，给予更多的公司成功的信念，让中国诞生出更多像华为、阿里巴巴一样的世界级成功企业。

"让中国诞生出更多像华为、阿里巴巴一样的世界级成功企业"看似有种痴人说梦的感觉，但是这确实是一个伟大的目标。我相信中国一定有很多可以

发现你的天才

统领世界级企业的天才，这个天才可能不是我，我却可以帮助他们去发现自己的天才。因此，我的终极目标就是帮助别人提升自己的信念，发现自己的天才，让他们走向真正的成功之路。

袁翊杰演讲现场

第六章
感恩之心离财富最近

有一种优秀叫感恩。懂得感恩会让我们赢得更多的赞赏和帮助，从而获得更强大的力量。所以，不管我们取得了多大的成就，头上拥有了多少光环，都不能忘记当初帮助过我们的恩人。尤其是当初为我们指引方向、带领我们前行的人生教练。

感恩之心离财富最近

能够突破自我发现天才，最终走向成功的人，都是心怀大爱并将爱付诸行动的人。小爱是爱自己，而大爱是学会感恩，并将这份爱传递下去。人活着不能太自私，握紧拳头的时候，你会发现其实你什么都没有。而摊开拳头，你会发现你拥有了整个世界。内心常怀感恩的人也是如此，拥有的更多，离财富也最近。

也许在很多人看来，成功就是腰缠万贯过着自己想要的生活。其实，真正的成功不仅是拥有物质上的财富，还要拥有精神上的财富。物质上的财富很容易理解，是权和钱，精神上的财富则是爱和感恩。如果只有物质，没有爱，不懂感恩，我们的人生就只剩下物质，只剩下没有温度的金钱，活着也无非是行尸走肉，为生存而活。如果我们懂得爱，懂得感恩，就是为爱而活。所以，物质财富加上精神财富，才是成功。

刘永好是新希望集团董事长，公司在经营的过程中，他会定期举办一些活动，来感谢他的顾客和员工。他们曾经举办了一个庆祝集团成立30年的活动，主题叫"感恩之心"。刘永好表示，如果没有消费者就没有他们，他们也不可能做到1000多亿元的销售额，所以要感谢消费者的支持。除了消费者，他们还要感谢的是自己的员工，是他们努力工作才有了新希望集团的发展。

怀抱感恩之心，是刘永好小时候就耳濡目染的一件事情。刘母去世后，刘永好在母亲的抽屉里发现了一个小本子。本子上密密麻麻地写了很多字，仔细看看，上面全是刘永好熟悉的名字，他们都是过去十年间母亲帮助过的人。对于一些特别困难的人，母亲会给他们一些物质上的帮助，送他们一些东西或者给一些钱。帮助一个小孩子读书，也就100多元钱。100多元钱对现在的我们来说，可能不算什么，出去跟朋友聚个餐都不够。但是在20世纪90年代却是一笔不小的开支，刘永好的母亲省吃俭用，把这些钱给了需要的人，这让刘永好受到很大的震撼。后来在经营企业的过程中，刘永好也学会用感恩之心去对待身边的人。

1994年的时候，刘永好联合了十几个企业家，倡导和发起了扶贫公益事业。如今这件事情开花结果，已经对贫困地区做出了很大的帮助和贡献。刘永好的公司在贫困地区的投资超过30亿元，他用实际行动证明了新时代的企业家的感恩之心和社会责任感。

袁翊杰与新希望集团董事长刘永好合影

对于感恩之心，刘永好给出的最完美的说法是：感恩之心离财富最近。这也是他成为四川首富的终极秘密。感恩之心，善待财富，在很多人看来，这两件事似乎是在一条平行线上，很难出现交集。然而，当这两者力量交汇的时候，就会构成创造财富过程中最具情感味道的细节。不管是做人，还是经商，都是同样的道理。当世间人把财富看成罪之源的时候，只有企业家带着感恩之心去行动才能消除人们的误解，才能创造更为厚重的财富，才能找到生命的坐标。刘永好就是用行动证明了自己的话：感恩之心，离财富最近。学会感恩，更容易成功。

常常有人说：我们要感谢苦难，感谢伤害过我们的人，因为是他们让我们成长了。我不否认这句话，但是我更希望大家都在爱和感恩中学会成长。

人生道路坎坷，我们一路跌跌撞撞，为自己想要的生活努力奋斗，希望过一个不一样的人生，希望给自己创造一个更好的世界。但是，事情总是不尽如人意。挫折、苦难、困境让我们一次次感到绝望，想要就此放弃这看上去并不完美的人生。我们常常感觉生活很悲哀，不能反抗，只能任由命运摆布。这一生都好像是在等待上帝投骰子，投到好的就幸运，投到坏的就自认倒霉。这一切事情都在一点一点地磨灭我们心中的爱和梦想。但是，上天终究还是公平的，关门的时候，也偷偷为我们留了一扇窗户。

年少的我，本来应该跟同龄的孩子一起在学校度过美好的校园时光。但是，因为家里的经济条件负担不起，我被迫辍学。那时候的我，什么都不会，闯入社会也找不到一席之地，身边没有人愿意帮助我。我凭借着自己强烈的渴望和极度的企图心走了出来，虽然第一份工作一个月的工资只有150元人民币，但是当时的我能够找到这份工作已经很不容易了。带着最初的这种感恩之情，我坚持一步一步走了下来。后来也是因为受到刘永好的启发，我希望跟他一样将这份感恩之情传递下去，于是我决定回家投资做慈善。我希望尽自己的绵薄之力，能够带领大家富裕起来，以此表达自己内心对家乡的感恩之情。

感恩之心，激发出了我内心更多的潜能，也让我拥有了今天的成长和财富。但是，很多人对此感到疑惑。在他们看来，感恩之心跟创造财富存在一定的矛盾，因为感恩是付出，而财富是得到。其实它们之间是存在关联性的，当你懂得感恩，你就会得到更广泛的认同和支持。这个时候你就有机会去做更多的事情，更大的事情。感恩之心，并不能让你立刻就拥有财富，却可以给你更多的力量，在背后支撑你去寻找你想要的财富。

感恩老师，感恩教练

　　人生并不是一条直线，而是一条波浪线，起起落落都是正常的，应该用平常心看待。有智慧的人不会因为失败而感到绝望，更不会因为成功而骄横自傲。失败的时候，我们应该去思考：是不是自己做得还不够？以此激励自己继续努力；成功的时候，我们要想一想：在这条不平的道路上，有谁帮助过我？我应该怎样去感谢他们的帮助呢？常怀感恩之心，才能与成功靠得更近。

　　也许很多时候，上天是不公平的，对于某个人给予的苦难太多。但是换个角度来看，上天又是公平的，因为它给了我们命运的恩人。命运的恩人在我们的人生中充当着老师和教练的角色，会给我们指明人生的方向，让我们可以少走一些弯路。

　　命运的齿轮不停地转动，让我们这一路上遇见了形形色色的人。有些人在我们无助的时候选择冷眼旁观，他们只是你生命中的过客。而有些人是生命之光，在你陷入人生低谷的时候，愿意伸手拉你一把，他们是你命运的恩人。但是，这样的人往往很难遇到。如果遇见了，就是命运馈赠给你的最好的礼物，我们要学会感恩生活中的这种馈赠。

　　2004年，冯小刚导演《天下无贼》的时候，需要一个傻根的角色，就找到了群众演员里的王宝强，于是刘德华跟王宝强就这么相遇了。《天下无贼》刚开拍的时候，刘德华从香港飞到北京和冯小刚导演见面。冯小刚把王宝强介绍给刘德华，因为王宝强饰演的角色和刘德华有对手戏。第一次见刘德华的时候，王宝强激动得下跪。作为一个普通人，见到自己心目中的大明星，有这样的举动很能理解。但是刘德华的反应却让当场所有的人都傻眼了，刘德华见王宝强下跪，也跟着跪下了。虽然刘德华是著名演员，但是那一刻他懂得尊重每一个人。即便那时候王宝强只是一个群众演员，刘德华也给了他同样的敬意，并且还鼓励王宝强说："你厉害呀，你演不好我告诉你，这部戏就好看了。"

很多年后，王宝强在参加一档访谈节目的时候，表示第一个要感谢的人就是刘德华。因为他鼓励了自己，要努力提高自己的艺术修养，还要更加努力提升自己的道德修养，力争做一个德艺双馨的艺人。

虽然说，王宝强现在能取得这么大的成就离不开他自己的奋斗，但是刘德华对他的影响更是不言而喻。刘德华是上天赐给王宝强的恩人，在遇到恩人之前，我们可能会经历很多磨难和挫折，恩人的出现却会给我们的人生带来新的转机，让我们能够冲破眼前的困难，有足够的勇气去做自己想做的事情。因此，不管你取得了多大的成就，都不能忘记当初帮助过你的恩人。

王宝强感恩刘德华，周杰伦感恩吴宗宪，千里马感恩伯乐，我感恩我的老师——陈安之和安东尼·罗宾，以及所有支持过我的人和当下最有结果的人。

感恩当下所有最有结果的人，因为所有当下最有结果的人都可以成为我们的老师。很多老师的书和演讲，像是在黑暗的漩涡之中伸手拉了我一把。好像过去所有的挫折都是为了等待这一刻，等待被老师唤醒。感谢老师让我找到了人生的方向，我希望自己能够像老师一样，去帮助需要帮助的人，怀着感恩的心来温暖这个世界。

最终我也做到了这一点。我的学员操亚锋在我的帮助下改变了命运，同时也继续传递着这份感恩之心。

由于家境贫寒，操亚锋早年辍学，外出打工。由于学历不高，没有一技之长，他找到的工作一直收入都不高，每年过年回家的时候他都看到家徒四壁。

但是换了十多份工作，依然是这样。他决定要换一种方法——他开始摆地摊，自己创业。但是创业之路并不平坦，这个时候他又发现自己的母亲因为陪着自己起早贪黑，每天累得直不起腰，心里很不是滋味。一天晚上他坐到深夜都难以入眠，他多么渴望改变自己的命运啊。

2016年，操亚锋的命运奇迹般发生了改变。我们来看一下他的分享。

我上网搜索一切可以改变命运的方法，这个时候我眼前一亮，我看到一排字，直击我的内心：企业家导师袁翊杰帮助无数人改变了命运。我翻看着一篇又一篇的文章，看着一个又一个的视频，最后我做了一个决定，一定要找一个成功的导师帮助自己改变自己的命运。

然后我拿起手机拨打了上面的联系电话，电话那头的辅导老师对我做了一个全面的了解，也帮我找到了不成功的原因，并建议我一定要走出来学习。

然而一想到学习要花费不少的学费，我又开始有点犹豫。几千元可是我要辛苦很多个日日夜夜才能赚到的一笔钱。就在这个时候，老师帮我做了一个决定："几千元没有了，可以再赚。但是错过了改变命运的方法，你就会一直这么痛苦下去，一直贫穷下去。"

那一刻，我就决定：我一定要把握这次机会，马上转款过去。

当我走进学习的课堂，认识了来自五湖四海的同学，他们来自不同的行业、不同的领域，我结交了更多的朋友。当我听了袁翊杰老师的演讲之后，终于明白为什么自己一直无法改变命运。因为我一直都没有找到一个成功的教练，一直都在自己苦苦地去摸索。所以我又做了一个决定：我要跟随袁翊杰老师好好学习。

得到袁翊杰老师一对一的打造和点拨之后，在短短不到半年的时间里，我就买下了人生当中的第一辆宝马轿车，在九个月的时间内就买下了人生中的第一套豪宅，并且拥有上市公司的原始股票。这一切简直不可思议！

原来所有的一切都是可以发生的。我可以成为一名讲师，我可以成为一名投资者。这一切在以前都是我不敢去想的，总认为那些事情不可能发生在自己身上，总认为那是别人的事情，直到袁翊杰老师打开我的大脑，让我敢去想，敢去拼，敢去实现所有的梦想。

成功后的操亚锋同样带着一份感恩的心，分享他成功的秘诀，影响和改变了很多人，令更多的人发现他们的天赋潜能，实现他们心中的梦想。

可以站上舞台，也可以下农田

人生在世，无恒强，无恒弱，因此我们要摆正自己的心态，放下身段，放低姿态，只有这样才能跟身边的人友好相处。

很多人在取得了很好的成绩，爬到很高的位置后，就开始扬扬得意，把身边的人不放在眼里。这样高高在上的人，除了自己孤独，也会给身边的人带来一种冷漠孤傲的感觉。这样的人心中没有爱，没有感恩之情，很难一直处于高位而不败下阵来。相反，那些即便取得了很好的成绩也并不把自己当回事的人，往往能得到身边人的认可和喜爱。

高高在上的人，给人带来的是距离感。没有一个人愿意靠近一个冷漠有距离感的人。所以，无论你站在多高的位置上，都要学会放下身段，放低姿态，看看下面的人。学会好好去跟这些人相处和沟通，并帮助他们得到更多的成长和成功。因为他们也是曾经的自己，只是走得比你慢一点。人生除了死亡是注定的，其他事情都不是注定的，也许有一天，人家的成就超过你了，你是否愿意他居高自傲地冷漠待你？如果答案是否定的，那你就摆正心态，学会和他们沟通、相处。

我之前在家乡投资修建了一个绿色工程基地，我经常会去现场亲力亲为地做一些事情。我看到我的那些阿姨和姑姑们在田里干活，我二话没说就把皮鞋和袜子脱了，下到田里帮她们干活。我们村子里的人都夸赞我，可以开好车，也可以脱了皮鞋卷起裤脚下田干活。我妻子对我的做法也颇有感触，深深被我折服。妻子一直觉得我是一个很努力很讲究的人，因为我身边的人都很厉害，我们经常出入一些高端的场所，但是回到老家，我还是之前的那个农村小伙子。

每个人在这个社会上都扮演着不同的角色。比如我站在台上是演说家，站在田里就是农民，站在妻子身边是丈夫，站在父母面前是孩子。人生就好比一场表演，我们要不断地切换角色。不能因为自己演了一回主角，就再也不去演配角了。这样的演员，就局限了自己以后的演艺事业，因为他无法放低姿态。

一个人的力量再强，也比不过一群人的力量。人是群居动物，因此我们要学会去跟身边的人相处，用平易近人的精神融入大众。无论是干事业还是处理自己分内的小事，仅凭一己之力，是很难取得成功的。个人的能力固然重要，但是"人心齐，泰山移"。做任何一件事情，只有尽可能去团结更多的人，才会使事情做得更为圆满。而团结别人的前提是，要学会处世，平易近人。

平易近人便是要时刻怀着一颗谦虚谨慎的心，热情而朴实对待别人。尊重他人，关心他人，学会与他人沟通和交流，只有这样才能赢得别人的尊重和喜爱。

回到老家，我跟身边的人都是一样，没有任何区别。平易近人的处世哲学，让我很好地融入身边人的生活圈里。

在人生的长河里，我们一直在奋勇前行。只有那些能够融入大众的人在回望这一路的时候，才不会感到孤独。为什么？因为他的身边有人支持他、陪着他。俗话说："过河不拆桥。"换种方式理解，就是要学会感恩，学会以平易近人的姿态融入大众的生活，而不是在有一点点成就的时候，就不把过去帮助过自己的人放在眼里。否则，你必然会从高空跌落，摔得更惨。

在家乡首次开演讲会

一位真正的成功者，必定有一颗感恩之心。感恩之心让成功者心怀爱意，用自身的爱和能力来回报他人。在回报的过程中，成功者自身的信念和能量也会不断提升，成功的层次也会逐渐上升。

所谓的"回报"并不仅仅是回报父母、回报曾经帮助过自己的人，还要回报自己身边所有的人，并以自己为核心不断地扩散回报的范围。就像把自己化身为熊熊燃烧的火焰一样，不断扩大自己燃烧的范围，并用燃烧出来的光与热来照亮周边的黑暗，驱赶黑暗里的寒冷。

我想让自己的演讲变成温暖人心、给人积极能量的火焰，因此我渴望站在舞台上演讲、分享。每一次演讲，在向别人传授成功的经验时，我自己也会变得无比快乐。值得一提的是，我的第二次演讲是在家乡举办的，同时我的演讲也是家乡的首次演讲会。

虽然我的家乡在贵州偏僻的大山深处，但是我依然感恩这片生我养我的土地，感恩我的父母，感恩村子里的所有人。如果没有这片土地，没有这里的人和物，就没有现在的我。

我家所在的那个村子没有路灯，我就开着车头的探照灯缓慢地行驶。让我感到意外的是，当我把车缓慢地开到自家门口时，车头的探照灯一下子就照到了许多人。这些人都是村子里的人，他们都在我家门口等着我。他们有人拉着横幅，有人拿着鞭炮，看我来了就开始放鞭炮，热烈欢呼、鼓掌。他们的热情瞬间点燃了我内心深处对家乡的情感，那份感动和自豪让我一生都难以忘怀。

我的故乡，施秉县茶园村，老祖宗是明朝洪武年间从江西移居过来的。当年老祖宗搬来这样偏僻的地方就是为了躲避匪患和逃避战争。没想到，这一躲就躲了300年。这300年来，我们那个村子从来没有人能真正地走出去，成为一个成功者，但是我做到了。所以，当乡亲们听说我回来都自发地到我家门口迎接。既然受到如此热烈的欢迎，我就拿出后备厢里的红酒、香槟，掏出现金红包与众人分享，分享是快乐的。

但是，作为我个人的愿望来说，我回来并不想展示自己现在多富有，或者自己现在的生活有多么好。我最想给家乡带去的就是发现天才的方式、成功的方式以及如何成为一名真正的成功者。因为金钱、物质迟早有一天会用尽，唯有成功的信念不会用完，所以我想用演讲的方式来感谢我的家乡。

人穷穷思想。演讲看似不会给一个穷苦的小山村带来任何实质上的帮助，却能从根本上解决现存的问题。无论是怎样贫穷的人，只要他渴望唤醒天才，渴望成功，敢于行动并拥有一颗感恩的心，那么就有极大的机会成为一名成功者。

我不能只给自己及家人带来成功，还要与更多人分享我这些年跑遍世界各地向拜访超过30位各领域的世界第一名和150位超级亿万富豪的成功秘诀。于是在各方面的协调之下，我在家乡开了我人生的第二场演讲会。我开演讲会的目的是为了给村子里的人传递成功的信念。给予他们信念之后，我还要给予他们成功的机会。因此，我做了一个决定——回家投资。开完演讲会之后的几个月，我在家投资了一个60万元的绿色工程基地，名字叫"东方领众绿色工程"。然后，我又投资了60万元修建了一个养殖基地。

开演讲会、投资虽然能在一定程度上缓解家乡贫困的现状，却难以真正将新鲜的"血液"输送到我的家乡。对于任何地方来说，输送"血液"的通道就是路。没有路,不仅村子里的人难以出去,外面的资源、人才也难以进来。俗话说:要想富,先修路。然而,慈善修路这种事并不是我一个人就能促成的,于是我教我的父亲如何演说、如何劝说别人、如何打动别人……在我和父亲的劝说之下,一开始没有多少人参与的修路工程,慢慢变成了全村积极参加的核心项目。特别是我的父亲,在我教会他打动别人、劝说别人的方式之后,他成了修路工程的主要协调者。他每天都孜孜不倦地忙碌于不同的人之间,而我就退居到修路工程背后的支持者位置上。

无论是演讲、投资,还是成为慈善修路背后的支持者,都是我对家乡的感恩行为。而且,我的感恩不会只有这一点内容,从今往后我还会对我的家乡和祖国需要我的地方做出更多贡献。因为我要的不是家乡短暂的富裕,而是让家乡出现更多的成功者,出现更多能与我并肩的天才,或者出现更多比我层次更高的企业家、创业者。为了这个希望,我必须让自己成为领头人,用自己的能力帮助家乡的人发现天才、突破自己、实现梦想。

袁翊杰演讲现场

给予金钱和丰富的物质,并不是感恩的最佳方式。因为金钱和物质都会逐渐消耗,而且一直给予金钱和物质只会养成一个人的惰性,所以感恩的方式应该从人的心灵出发。就像马云热爱资助教育事业一样,一方面马云自己是英语老师出身，另一方面教育能给人心带来无限的能量，收益远远大于金钱和物质上的赞助。因此，对我来说，感恩的最好方式就是通过演讲给予家乡人更多的发展机会。这样做既不会养成他人的惰性，又能为社会输送更多的天才和成功者。

帮助更多人打开潜能开关

　　真正懂得感恩的人，不会仅仅感恩父母、朋友以及曾经帮助过自己的人，还会积极主动地感恩世界、感恩所有的人。作为一名懂得感恩、了解感恩的成功者，我的梦想是帮助更多的人，我感恩的方式也是让更多的人在我的帮助下打开潜能开关。

　　一个曾经是全村最调皮、最受欺负、被称为野孩子的人，偶然的机会下听了一场演讲，得到贵人的提拔，教练的鞭策，恩人的点拨，让他的生命亮起来，使他的事业的高度让所有人都对他刮目相看。

　　这个人就是来自安徽合肥的樊宏。

　　樊宏从小生活在安徽长丰县下面的一个极度贫穷的农村，一直渴望改变家庭的命运。但是，由于没有教练，他在社会上摸爬滚打，创业屡创屡败，从身无分文到一无所有再到一穷二白。他的人生陷入了长时间困惑和迷茫，患有九年严重的忧郁症，每天沉默寡言，多次想结束自己的生命。

　　2018年4月，他无意间在微信群里听了我的一次网络课程。我的故事彻底地激发了他：他决定要站起来，决定要勇敢地面对所有挫折，抓住机会。我曾经说过，要改变就要先做一个让自己对自己刮目相看的决定。他联系到学习课程的负责人王嘉悦老师，毫不犹豫地选择追随我学习成长。课程现场，我20分钟的演讲让他豁然开朗，他终于明白为什么自己这么多年穷困潦倒、一无所有了。于是，他果断成为我的弟子。

之后，经过我一对一地点拨和对他的公司精心策划及员工内训计划，两个月就完成了他的小目标，同时奖励给自己一台高级轿车。半年时间，公司业绩就突破了原来定下来的目标，同时帮助公司60%的伙伴完成梦想。

他曾经在课堂上这样分享他的感悟：

跟随袁翊杰老师不光得到物质的满足，学习成长的满足，还能获得精神的满足。袁翊杰老师说要成功就要突破，跟随他一起挑战14000英尺（1英尺≈0.3米）高空跳伞，彻底打开了我的眼界和格局，也改变了我的价值观和人生观，让我彻底地重生了。我的公司也因此在短时间内做到了合肥市整个行业的第一名，同时我还一次性收购了多家房产中介公司。

我非常感谢袁翊杰老师，成为袁翊杰老师的学生是我目前做得对的决定中的一个，同时我也非常感恩我的辅导老师王嘉悦老师的引荐。接下来我会追随袁翊杰老师一起帮助更多有梦想的人和更多与我之前一样的企业家，帮助他们脱离困境，实现梦想，把袁翊杰老师的精髓一起传播到全世界。

樊宏与袁翊杰合影

不只是樊宏，我帮助很多学员打开了潜能开关，督促他们拼命努力取得了成功。虽然表面上我并没有获得多大的物质利益，但是我享受的是内心的成就感。

还有一个学员叫邵明梅，是我最得意的学员之一。她是一位在江苏苏州每天深夜两点起床去菜市场批发菜，早上六点在马路边卖菜的大姐，同时也是三个孩子的妈妈。她每月靠卖菜的800元收入养活一家人，极度自卑、恐惧、没有方向。

她每天躺在床上都问自己："明梅，这种生活是你想要的吗？难道你要把人生所有的年华全部消耗在菜市场里吗？"

2016年11月，她在网络上听了一场我的演讲，彻底惊醒。她曾经这样分享当时的感受：

听完袁翊杰老师的故事，我找到了久违的自信。我决定重新站起来，重新改变自己。我做了一个果断的决定：决定跟随袁翊杰老师学习成长，果断成为袁翊杰老师的学生。

邵明梅与袁翊杰合影

在我的培训下，她在三个月内和我同台演讲20多次，同时收入也有很大提高，她也从菜市场走上了舞台，曾经的笑话变成了神话。

还有一个学员叫李金霞，已经42岁了。她来自河北省一个非常偏僻贫困的地方，婚后一直过着平平淡淡、相夫教子的生活，孩子和丈夫是她的全世界。可是现在孩子已长大成人，丈夫也有自己的事业，她却成了一个只会围着灶台转的黄脸婆。她长时间把自己封闭在家，不愿和别人交流，一开口说话就是钻牛角尖，朋友也越来越少，思想也很消极。

她在一个微信群里听了我的演讲，打开了观念：原来生命可以活得如此精彩！于是，她毫不犹豫地把握到课程现场学习成长的机会。听完三天的演讲，她非常坚定地要追随我进行学习。

她说："袁翊杰老师彻底激发了我内心的巨人。袁翊杰老师说，帮助一个人改变，先不要让他学习知识和观念，而是先让他突破。突破了，生命的改变就真正的开始了。他帮助我突破恐惧，从14000英尺的高空突破极限挑战，让我彻底放手一搏，让自己的人生再也不一样，我会跟袁翊杰老师一起帮助更多的人实现梦想。"

不仅是卖菜的大姐、42岁的家庭主妇，还有90后的大学生王竞仪也在我的帮助下实现华丽蜕变。王竞仪出生在贫穷的农村家庭中，她极度渴望出人

王竞仪购车后合影

头地，成为家族的骄傲。她努力拼搏，却经历了现实的重重打击，人生陷入迷茫。

王竞仪大学毕业后进入社会，怀揣着梦想努力地打拼，做过工地检测员、商场服务员、房地产销售和直销等工作，但都没有太多的过人成绩，甚至连养活自己都成了问题。她有些不知所措，甚至开始怀疑自己的能力，认为自己什么都干不成。

一切的改变都源自她在网上看了一篇文章，这篇文章讲的就是我的故事。之后，王竞仪就开始找寻认识我的机会，当她得知在课程现场能见到我，她果断报名了。当她在现实中看到文章中所描述的一切的时候，她坚信我一定能够帮助她改变命运。她没有任何考虑，就决定加入我的团队，从此她的命运开始改变……

她加入公司不久就被破格提拔为队长；第一个月成为销售冠军，并且持续成为销售冠军；第三个月就站上舞台跟我同台演讲，成为核心领导人。

这些成功者都是我的学员，都是我的骄傲。我帮助他们取得成功，我的内心满足、快乐和幸福，而这些远远大于物质上的享受。我觉得这就是我对自己、对他人、对整个世界最好的回报。

带着使命感，成为领袖型企业家

在生活和工作中我们经常能看到一些人，总是能不断地做出顶尖的成绩，一路攀登至顶峰。实际上，这些人不一定有过人的智商，也不一定有优秀的出身，但是一定有超前的使命感。所谓的使命感并不是"我一定要赚很多钱"或者"我一定要变得很有权势"，而是在感恩的基础上，为他人创造更多价值。我的使命感就是用我全部的力量，以最短的时间、最快的速度传播成功之道，培养下一代商业领袖。

感恩并不是口头上说说就行了，只有付出感恩的行动才算是真正的感恩。我的责任和使命就是，在有生之年帮助更多的人打开他们天才的开关，帮助他们实现梦想和个人价值。

任何真正的成功者，都不会在成功之后就开始坐享胜利，而是要回顾自己曾经走过的路，回报曾经帮助过自己的人，以及展望未来的路，帮助更多需要帮助的人。这就是感恩在行动上的体现，也是成功者在获得成功之后必须履行的义务和使命。不管是在家乡开演讲会、创立绿色工程，还是帮助家乡修路，都是我因为感恩和使命感而做出的行动。

如果我不去完成自己的使命，即使给我再多的金钱、再大的权力，我的人生也会变得黯然失色。因为没有使命感的人，就是没有责任感的人。这些人即使实现梦想成为成功者，也难以继续前进，只会停滞不前，最终被别人超越。使命感就像追赶在成功者身后的一匹野狼。在使命感的追赶下，成功者就会越跑越快，然后不断地突破自我，实现自我价值。

我从家乡回到公司之后，便开始跟着世界各领域大师同台演讲，站上舞台去帮助更多人。成功之后我还四处奔波、到处演讲，除了跟不同的演讲大师学习演讲的技巧之外，就是让更多的人能听到我的演讲，让更多的人能在我的演讲中受到一定的启发，让他们知道如何发现自己的天才。

跟着不同的演讲家学习，使我打下了牢固的演讲基础。曾经还是放牛娃的我，做梦都没想到未来自己能站上世界级的舞台，从容不迫地对其他企业家讲出我的成功之道。对一个人来说，最难的并不是一个月内赚一百万元钱，或者一个月内让一个骑自行车出门的人开上宝马轿车，而是在一个月内让一个说话时会脸红、结巴的人站上舞台进行一场激动人心的演讲。

教人赚钱、给予他人物质，都只能在表面上改变一个人的生活。而我的使命感让我通过演讲分享自己的经验、信念以及成功的方法来彻底改变更多的人，让更多的人能发现他们的天才，并激发更多的人的潜能。

如果一个人的梦想是赚钱、开豪车、买别墅、掌握更大的权力……那么这个人一定不会成为永远的成功者。因为他追求物质享受和权力享受的本质没有改变，他的心没有被净化，所以这类人即使获得了一时的成就，也会马上沉迷于享乐而自我舍弃。我的使命感是帮助更多的人发现他们的梦想，改变他们的心灵，实现他们的梦想。只有让更多的人实现梦想，才能为中国创造更多的成功者。

中国有那么多不知道如何实现梦想、如何发现天才、如何走向成功的年轻人，他们还在迷茫、徘徊、不知所措，而我就想成为指引他们前进的人。用我的演讲、我的故事来告诉他们——只要能够发现天才并为之拼命努力，他们都可以成为人人敬仰的成功者。为了讲述我的故事，我为自己定下了一个非常伟大的目标——我要像新东方教育集团创始人俞敏洪拍的《中国合伙人》或者像超越极限集团董事局主席梁凯恩拍的电视剧《下一个奇迹》一样，拍一部讲述我自己故事的电影。我的电影会让更多的人知道"人人都是天才，人人都能成功""成功不是月入百万，成功是突破自己的信念"……我会把我的经验、我成为第一名的方式、我成功的秘诀都放在电影中，让所有人都能看到一个农村放牛娃成为真正成功者的全部过程。

我从来不会避讳自己的出身，也不会避讳别人对我的看法。我出身穷苦人家，可是我有比别人更坚定的信念，我被人说"这辈子都没希望"，但是我可以用更多的努力来换取希望。最后我成功了，但是我的目标不会止于初步的成功，我的使命感也没有因为我的成功而结束。因此，我想拍电影从行动上来完善自己的使命。因为我的使命实际上是无法真正完成的，因为它太庞大了，我只能不断地用行动去完善。

即使我最终实现了让很多人成功的使命，可是整个中国、整个世界还有那么多人在穷苦中挣扎，我在有生之年真的难以帮助到所有人。因此，我必须留下与我相关的电影和书籍，把我的经历通过视频、文字的方式展示给更多的人，从而让他们能够打开自己的潜能开关，让他们发现自己的天才成为下一个成功者。

我要让更多的人发现天才、实现梦想，而其中的一条通道，就是成为领袖型企业家、演讲家。我只有让自己的企业涉及各行各业，让自己优先全面发展，才能带动更多的人一起发展，让更多的人参考我的经历、我的使命进而成为真正的成功者。比如我在家乡投资了绿色工程，我投资的目的不是赚钱，而是为了让更多的人吃上绿色健康的蔬菜和瓜果。我会在家乡把绿色工程的项目不断做大，打造成全国性的品牌，让更多的人看到中国的食品会越来越健康、越来越有营养。我希望未来会有更多的成功者去做这样有益于社会的事。

我的企业不是为了利益而运营，我的演讲不是为了赚钱而举办，我要的是让更多的人因为我的企业、我的演讲而走向成功。

成为天才潜能领域的顶尖专家

什么是天才？天才就是方文山适合写歌，写歌就是他的天才；陈奕迅擅长唱歌，唱歌就是他的天才；李小龙的中国功夫好，中国功夫就是他的天才……而且方文山、陈奕迅、李小龙在各自的领域里都是名列前茅的人。这些优秀人才不仅能代表自己，还能成为一个领域的代表。任何成功者都会想要成为且努力成为一个领域的代表，这并不是对权力或者私欲的追求，而是对自身不断地突破。

每个人都有各自的缺点和优点，虽然我不能使每个人改掉缺点，但是我能发现每个人的优点，帮助他们走向成功。任何人发现了自己的天才，并愿意在天才所处的领域花大量的时间，都可以成为这个领域中的顶尖人物。

"股神"巴菲特的天才是投资，因此他能在股票、基金行业掀起巨大的浪潮；王健林的天才是商业地产，所以万达集团能遍布中国和世界；马云的天才就是通过互联网平台成就他人，正因为有马云的平台，所以"天底下没有难做的生意"。我想要做的，就是发现下一个巴菲特、下一个王健林、下一个马云……尽可能地发现更多的人的天才这是我的使命责任，也是我感恩的方式，更是我急于成为天才潜能领域顶尖专家的重要原因。

人的潜力是无穷的，每个人的天才不同，潜能发挥的领域也不同。就像法拉利汽车的天才是速度，劳斯莱斯汽车的天才是权威，宝马汽车的天才是驾驶一样，它们都在各自的领域成为佼佼者。我要让很多今天不能一鸣惊人的人和企业，发现他们的天才，发现他们潜能所在的领域。上天绝对不会创造无用的人来到这个世界，只是有些人还没有找到自己的天才，而我必须成为这些未来天才的指引者，帮助他们放大自身的优点，发现自己的天才。

俗话说："三百六十行，行行出状元。"每个人都是能成为不同领域的天才，同样也需要极致的发挥才能成为领域中真正的状元。就像两弹元勋邓稼先先生一样，他必定是原子弹领域的天才，但他也是靠日夜不休的努力换来原子弹爆炸的成功。为手机行业创造一个新时代的乔布斯，也是通过不停地创新、不停地修改，才创造了奇迹。我能在天才潜能领域有所成就，帮助那么多人发现天才、走向成功，也是因为不断地努力。任何人只要学会极致发挥，再加上用演讲打开自身天才的开关，那么离行业的佼佼者就会无限接近。

袁翊杰演讲现场

所谓的天才一定不是"三分钟热度"的兴趣。有些人有时会对某件事特别感兴趣，然后在一段时间内拼命去做那件事，做了几天之后感觉没兴趣了，就把手里的事情丢掉了。这种兴趣绝对不是天才，而且这些人做事的过程也绝对算不上努力，更算不上拼命努力。这些人可能只是为了自己的爱好、好奇心、一时的兴致做一件事，所以这种"三分钟热度"的兴趣无法成为一个人的天才之处。

　　每个人都是天才，而我要去尽可能地帮助更多的人发现天才，因为这是我伟大的使命。在我有生之年，我只能尽可能地完成这个使命。但是如果我把公司做到足够大，让我的公司能够长期存在，那么公司里的后继者就会代替我在未来完成这个使命。因此，我现在还有一个目标，就是让公司在2025年完成1000亿元的销售额，把200人的团队发展成20000人。同时我要不断地提升公司、团队的战斗力，让更多的人知道我的故事，知道我的公司的名字，让更多的人愿意追随着我学习打开潜能开关、发现天才的方式。

第七章

发现天才是成功的开始

　　发现自己的天才，就等于为自己找到了一个发展方向，树立了一个清晰的发展目标，使自己能够踏入一条明确的成长道路。在自己天生具备的才能的指引下，在追求成功的道路上就不会被外界的干扰因素打乱目标，也不会在艰苦与困境之下选择放弃。所以，发现天才是成功的开始。

发现你的天赋，并将它发挥到极致

所有人都向往成功，然而对大多数人来说，"天才"是一种可望而不可求的称号。实际上，"天才"是可以被发现的，所有人身上都具备着成为天才的潜能，所有人都可以发现自己的天才。只要能够发现自己的天才之处，就可以为自己找到努力的正确方向，再加上自己的极致发挥，就必然能获得成功。

所谓的天才，顾名思义就是上天赋予的才能。发现自己的天才，就是通过各种途径了解自己天生具备的才能在哪里。正如哲学家莱布尼茨所说，"天地间没有两个彼此完全相同的东西"，天地间也不会出现彼此完全相同的人。因此人类个体之间一定存在着才能上的区别，而找到个体身上与众不同的才能，就是发现天才的过程。

天才可以源自不同方面的才能，比如智商、性格、个性等，甚至出生的时间、家庭背景、社会背景都有可能成为天赋的才能。虽然身边的人，比如父母、老师、朋友等，偶尔会在发现天才的方面提供一定的帮助，但是最重要的还是要依靠自己。想要获取成功，就必须从自身出发去挖掘自己的才能，发现自己的天才之处。

世界第一成功导师、潜能激励大师安东尼·罗宾在他未成名之前，只是一名贫困潦倒、四处打工的普通人。安东尼·罗宾在26岁的时候，还住在不到十平方米的单身公寓里，过着生活混乱、前途渺茫的日子。直到他的一位朋友推荐他去听潜能大师吉米·罗恩的课程，下定决心想要改变自己的安东尼·罗宾四处借钱才凑齐了听课的费用，在吉米·罗恩的课程上他挖掘到了自己的才能，并以此为起点走向了成功。

袁翊杰在安东尼·罗宾演讲现场

安东尼·罗宾在没走向成功之前，之所以过着混乱又迷茫的日子，是因为他没有发现自己的天才。只有发现自己的天才，才能为自己找到一个发展方向，树立一个清晰的发展目标，并踏上一条明确的成长道路。

发现自己的天才只是成功的因素之一，同时也是迈向成功的第一步。因为只有发现自己的天才，才能在正确的方向上极致发挥。所谓的极致发挥，就是付出大量的努力，而且这份努力并不是短暂的，而是要经过长时间的坚持，在天才的方向上一直发挥到别人难以想象的程度。因此，极致发挥才是被称为天才的人能够取得成功的主要原因，同时也是天才能够成功的关键环节。

1993年，美国迈阿密大学安德斯·埃里克森教授在柏林音乐学院开展了一个著名的调查。他选中一批学生，并将这些学生分为三组：普通的学生、优秀的学生、卓越的学生，然后分别进行调查。最终他发现，同组学生的共同点与不同组学生的不同点，全都集中在练习时间的长短上。普通的学生练习弹琴的时间，总计在4000小时左右；优秀的学生，大约在8000小时左右；卓越的学生，没有一个人低于10000小时。于是安德斯·埃里克森教授将他的发现写成了论文。2008年，畅销书作家马尔科姆·格拉德威尔在他的新书《异类：成功人士的故事》（以下简称《异类》）中融入了安德斯·埃里克森教授的论文，并且根据论文总结了一条"10000小时规则"。书中明确指出，音乐家莫扎特、企业家比尔·盖茨、披头士乐队、篮球运动员乔丹都有长达10000小时的专业训练。《异类》指出，这些在某些领域获得极高成就的人，除了他们本身就是这方面的天才之外，还有一个最重要的原因就是10000小时的努力。

所谓的"10000小时"不过是对成功者极致发挥的概述，对于多数天才来说可能还要付出超过10000小时的努力才能获取真正的成功。天才只有在不断努力、不断极致发挥的情况下，才能真正地超越普通人，并且使自己不断地靠近成功。同时，极致发挥也是分离天才的决定性因素。不能极致发挥的天才，最终只会回归于普通；能够极致发挥的天才，才能够凭借努力成为一名真正的成功者。

无论是在哪些方面取得成就的成功者，首先要做的一定是发现自己的天才，其次是根据自己的天才找到努力的方向，并在这个方向上极致发挥，最后才能取得真正的成功。极致发挥是天才成功的唯一推动力，只有朝着正确的方向和目标不断前进、不断努力，才能让天才在人群中脱颖而出成为出色的成功者。

盖茨：电脑金童创造了微软神话

　　微软公司从创立开始，一直到20世纪90年代，垄断了整个计算机操作系统的市场。促使微软公司成为IT（信息技术）行业领跑者的重要因素之一，就是微软公司的CEO（首席执行官）"电脑金童"比尔·盖茨的天才之处。比尔·盖茨是行业界公认的天才，他总是能精准地看透IT市场，并且用自己的能力来带动微软公司，让微软公司不断地前进、壮大。比尔·盖茨之所以能够取得如此大的成就，就是因为他是从发现自己的天才起步，在恰当的时间朝着正确的方向不断地极致发挥，最终创造了微软神话。

　　比尔·盖茨在自己身上挖掘的天才就是他的代码编写能力，甚至可以说代码就是比尔·盖茨的第二门语言。在那之前，没有人认为比尔·盖茨是天才，从上小学开始，比尔·盖茨的朋友就非常少，因为他不擅长与人交流。直到他13岁上中学遇到了保罗·艾伦情况才有所好转。这两个在代码爱好上一拍即合的人，开始了他们学习代码的旅程。然而作为普通的中学生在当时的条件下，很难像大公司那样拥有齐全的代码资料，于是艾伦就怂恿盖茨去翻当地一家叫作C-Cubed公司的垃圾箱，结果盖茨真的从垃圾箱中收获了一份操作系统源代码的打印文件。这份打印文件为盖茨以后的发展解开了许多迷惑，同时盖茨学习BASIC语言也是建立在这份文件之上。

　　比尔·盖茨为代码付出的还不止于此。他从13岁开始写代码、18岁考入哈佛大学，在19岁的时候毅然决然地退出了大学，专心投入代码设计中。跟多数成功者一样，他总是在做一些普通人无法理解的事情。退学后的比尔·盖茨并没有乖乖继承父亲的工作成为一名律师。这位还没有被世界承认的天才沉迷在代码中不可自拔，甚至他在不到20岁的时候就写出了BASIC语言。按照当时计算机的发展水平，比尔·盖茨的天才在行业中已经算是佼佼者。

比尔·盖茨在代码上的天才，促使他成为一名优秀的程序员。直至今日，在整个世界范围内，都难以找到写代码的水平能超过他的人。比尔·盖茨在代码上的天才是超前的，他总是能写出超越当下的代码。

比尔·盖茨的发展就是从发现自己写代码方面的天才开始的，并借助在那个计算机技术刚刚起步的时代踏上了一条与众不同的成功之路。

微软创始人比尔·盖茨

比尔·盖茨说过："伟大的车工拿几倍于普通车工的工资，但是一个伟大的代码作家——程序员却是值得我们付出普通软件程序员10000倍的薪水。"那么在他的定义里，到底什么样的人才算是"伟大的代码作家"？像比尔·盖茨这样能够完胜绝大多数程序员的天才，就是典型的"伟大的代码作家"。许多世界级网站公司中集结了很多优秀的员工，肯定也有与比尔·盖茨的天才相似的人，然而没有人能超越比尔·盖茨的根本原因就是"极致发挥"。比尔·盖茨为代码付出的不仅仅是花费"10000小时"去写代码，他甚至为了代码做出了许多"疯狂"的事。

保罗·艾伦在《我用微软改变世界》一书中回忆比尔·盖茨："我们相识于湖畔中学，那时他上八年级，我在十年级。从那时起我们就混在一起。我和盖茨一起学会分析电脑编码，并在十多岁时就涉足了一桩后来失败的生意，肩并肩做着专业编程工作。正是盖茨鼓动我来到马萨诸塞州，准备一同退学，共同创建一家科技公司。而后，他一转身又去上学了。盖茨和我一样，都不安分，总爱尝试新鲜事物。"

翻垃圾箱找代码资料，从梦寐以求的哈佛退学，涉足一桩后来失败的生意等都是比尔·盖茨为发挥代码天才做出的疯狂举动。因此，称比尔·盖茨为代码"疯子"完全不为过。但是，他的每一次疯狂都是他为代码付出的努力，也是他"极致发挥"的证明。没有人愿意做那些疯狂的事，然而当你处在极度缺乏资源的条件下，还想突破自我极致发挥，就不得不去做那些疯狂的事。那些为代码的疯狂付出不仅成就了他自己，也使微软成为那个时代在计算机软领域中的领头企业。

乔布斯："巧匠"的天才成就了苹果

微软公司是互联网业界的先行者，苹果公司则改变了全球互联网，因为苹果公司拥有史蒂夫·乔布斯这位特殊的天才。乔布斯是一位与比尔·盖茨完全不同的天才，如果说比尔·盖茨是一位善于写代码的创造型天才，那么乔布斯就是一名善于加工的改变型天才。乔布斯通过加工苹果公司的电脑、手机和软件，让世界看到了他的能力和天才。这位善于加工产品的巧匠不仅利用自己的天才成就了自己，还成就了苹果公司，甚至改变了世界。

与从代码中发现自己的天才的比尔·盖茨不同，同样身处计算机行业顶尖领导人位置的乔布斯实际上是个代码"文盲"。乔布斯从来不写代码是公认的事实，甚至他自己也没做出任何反驳。因为代码本身就不是乔布斯热爱或者擅长的领域，乔布斯的天才之处在于他的加工能力。苹果公司的任何产品，在他的手里都能被他变成他想要的模样，他就像是位神奇的工匠，不仅可以加工苹果公司的产品，还能够加工整个苹果公司，甚至让世界都在他的巧手之下发生改变。

苹果公司的另一位联合创始人沃兹·尼亚克曾经谈论过他与乔布斯共同设计苹果一代和二代电脑的事情。在苹果最初的产品上，乔布斯几乎没有发挥什么重大的作用，因为他不懂代码，也不懂其他的相关技术。沃兹·尼亚克说过："乔布斯不是一名工程师，他从来没有写过代码，也没有参与过任何产品的原始设计。"虽然沃兹·尼亚克在技术上否定了乔布斯，但是从另一个方面他却不得不承认乔布斯对苹果的重要性。他承认乔布斯是他的好朋友，同时也是一名杰出的商人，在乔布斯去世后他对外界说过："乔布斯的去世，就好比我们失去了再也找不回来的东西。他将诸多创意转化为具体产品，而这些产品受到了全球公众的喜爱，这也意味着他改变了全球公众的生活。"

加工不仅是乔布斯卖掉产品的第一步，也是他迈向成功的开始，而极致发挥则是把乔布斯推向成功的最大动力。乔布斯在做任何事情的时候，都怀抱着一定要成功的心态，进而把自己全身心投入某一件事上。乔布斯被苹果公司开除后，又在苹果公司危难时回来，谁都很难想象一个CEO刚回到苹果公司就早上七点上班晚上九点下班。不仅如此，在iPhone 4改变世界的那场发布会之前，乔布斯甚至没有拿到一分钱的工资。除此之外，在刚刚回到苹果公司的时候，乔布斯身上还肩负着刚刚创业不久的皮克斯动画工作室的重担，也就是说他要同时管理两家麻烦层出不穷的公司。在这样的情况下，能够使乔布斯带领两家公司都走向成功的原因，只有他拼命燃烧自己的激情，把自己的天才发挥到极致。

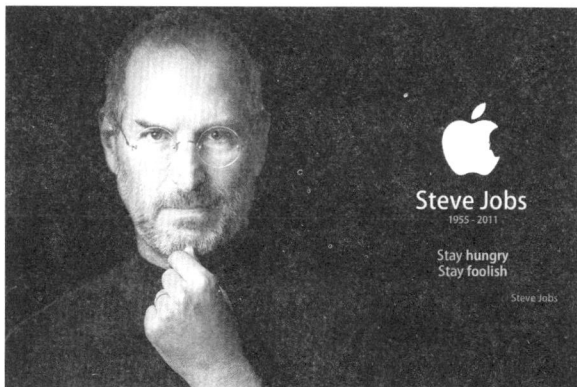

苹果公司创始人乔布斯

曾经与苹果公司合作的前广告代理商TBWA/Chiat/Day创意总监肯·西格尔曾说过："乔布斯参与了许多非常细致的工作，你是绝对不会认为一家公司的首席执行官应该参与那些细致的工作的。"乔布斯所做的事，确实超出了一般人的想象。比如一位曾经的苹果店员，在《纽约时报》的采访中说过："我们发现他躲在门外的灌木丛或者某个角落，观察店里面发生的一切。这时我们就会相互提醒'乔布斯在门外！大家表现好一些'。我们以为他在视察我们的工作，搞得大家紧张兮兮的。"擅长创意转化的乔布斯当然不是为了视察员工的工作，而是为了观察顾客对苹果产品的反应，来推测苹果产品在市场上的热门程度。

公司的首席执行官亲自到门店视察，估计对于类似苹果公司这种国际型企业算是一种特例。为了产品、为了苹果公司、为了自己"改变世界"的目标，乔布斯可以反复蹲在苹果门店外仔细观察。这些都是乔布斯拼命燃烧自己的体现，也是乔布斯极致发挥的体现。

正是因为根植于自己的天才领域，不断地追求卓越，才有了改变世界的乔布斯，才有了世界顶尖企业苹果。

李小龙：天才成就功夫巨星

李小龙是将中国功夫传遍世界的英雄，也是将"Kungfu"这个单词写入英文词典的第一人。他不仅促进了好莱坞中国功夫电影的发展，将功夫变为中国人的代名词，还推动了世界武术的发展进程，将中国功夫变成世界的宝藏。毫无疑问，李小龙是全球范围内有影响力的华人武术家之一。而这位功夫演员能够在他短暂的一生中做出如此大的贡献，主要是因为他拥有超出常人的天才，更在自己的天才领域不断地极致发挥。

虽然李小龙的一生非常短暂，但是他对后世的影响却一直持续至今。美国人把李小龙视为"功夫之王"，日本人把他称为"武之圣者"，现在功夫明星成龙也曾为纪念李小龙拍摄了电影《新精武门》，周星驰为纪念李小龙拍摄了电影《功夫》……李小龙无疑是一名武术天才，而李小龙之所以能发现他的天才，则完全依托于他自小就开始的"跨流派"武术训练。

1940年出生于美国的李小龙，原名李振藩，祖籍为中国广东省佛山市顺德区均安镇。但是幼年的李小龙并不像我们在银幕上看到的那样强壮，反而体弱多病。李小龙的父亲李海泉为了强健儿子的体魄，在李小龙七岁的时候便教他练太极。14岁的时候，李小龙又拜入咏春拳名师叶问的门下，跟随叶问学习咏春拳。除此之外，李小龙还学习了螳螂拳、洪拳、少林拳、戳脚、节拳、白鹤拳等。像李小龙这种"跨流派"的武术训练，对于当时讲究门派的中国武术界来说算是一个特例，而且中国多数的武术老师也无法接受这样"不专心"的学生。因此，李小龙会的多数拳种都是依靠自学，或者他人在旁边稍微指点后，自己再慢慢琢磨、练习。然而，李小龙跨流派的武术训练，为他今后在功夫电影上的发展以及创立截拳道奠定了坚实的基础。

在那个讲究门派的年代，李小龙能挖掘到自己的天才简直就是一个奇迹。他为了得到学习其他门派功夫的机会，可谓用尽了手段。比如李小龙为了让著名拳师邵汉生教他拳法，利用自己"香港恰恰舞总冠军"的身份，以教邵汉生跳恰恰舞为代价换取学习的机会。

从太极开始，到咏春拳、螳螂拳、洪拳、少林拳等跨流派的学习让他发现了自己的天才，也成功使他踏出了迈向成功的第一步。

李小龙不断地渴求、不断地学习，日复一日地练习武术，把自己的所有能力发挥到极致，进而为他的成功铺了一条笔直向上的路。他的练习就好像把凡人的肉身锻造成钢铁一样。

李小龙坚信前臂训练能够增强抓握力量与出拳力量。"他是前臂训练的狂热者"，李小龙的妻子琳达·埃莫瑞笑着回忆道，"只要有任何人推出新的前臂训练方法，小龙就一定会去了解它。"

李小龙委托他在旧金山结识的老朋友李鸿新制造了一些前臂训练器械，可以增加额外的重量负荷来进行练习。"他总是寄给我这些训练器械的设计图"，李鸿新说，"我就按照他要求的规格来制造。"鲍勃·沃尔记得，李小龙把大量的精力投在前臂训练上，以提高自己的力量和肌肉。"在我见过的所有人当中，就身体比例而言，李小龙拥有最强壮的前臂"，沃尔说，"我是说，他的前臂非常粗壮，他有令人难以置信的强壮的手腕和手指——他的手臂非比寻常。"

木村武之是李小龙的徒弟和最亲密的朋友，他说："如果你抓住李小龙的前臂，感觉就像抓着一根棒球棒。"李小龙对于前臂训练极为着迷，每天都会进行训练。"他说前臂肌群非常非常密集，所以你必须每天锻炼，让它更加强壮"，李小龙的嫡传弟子丹·伊诺山度回忆道。

功夫巨星李小龙

　　没有人能够证实这位功夫演员短暂的一生是否真的做了超过10000小时的训练。但是从他的训练中，谁都可以看出他极致发挥的训练精神，以及把肉身当作钢铁来磨炼的高强度训练量。无论是李小龙的妻子还是他的朋友，都不得不对李小龙的训练量感到佩服。李小龙的嫡传弟子李凯曾说："我记得以前到他家里去，发现他训练很有计划，都按照计划表去练的。那时候，每天七八个小时训练，训练质量很高。他的技术都是苦练加巧练练出来的。一个简单的技术反复练习10000遍，就能成为绝招。小龙师傅一个简单的基本技术每天会重复练习500到2000次，他不厉害，谁能厉害？"

　　李小龙无疑是百年难遇的武术天才，但即便如此，如果没有苦练把武术天才发挥到极致，恐怕就没有站在巅峰的李小龙。无论是他的电影，还是他为全球武术创造的财富，都会不断地影响着一代又一代人。李小龙这位依靠天才成就自己，靠极致发挥撼动世界的功夫演员，在未来还会继续产生源源不断的影响力。

周杰伦：华语流行音乐的天才

　　中国台湾著名歌手周杰伦，是一位凭借原创音乐影响了一代人的歌手。从他1999年发表的第一张专辑《Jay》开始，他的影响力就呈现爆炸式的增长，大街小巷的人都开始哼唱他的歌，许多年轻人把周杰伦开创的全新风格视为最棒的流行音乐。周杰伦是成功的，他在那个特殊的年代，用自己的天才点亮了华语乐坛。他是一名货真价实的音乐天才，而他的成功就是依靠他的天才以及背后的奋斗共同换取的。

　　在周杰伦还没有出道之前，华语乐坛在世界上并没有什么优势，甚至可以说长期难以崛起。因为在周杰伦的歌还没有流行之前，多数出名的中文歌都是翻唱来的，而且多数翻唱都是以翻唱日本的流行歌为主。比如郭富城的《对你爱不完》翻唱的是日本歌手田原俊彦的歌，陈慧娴的《千千阙歌》是翻唱日本巨星近藤真彦的歌，刘若英的《后来》是翻唱日本组合Kiroro的歌……对日本歌曲的翻唱之所以会如此盛行，有很大的原因是受到了邓丽君的影响，然而在邓丽君之后却少有人能为华语乐坛带来全新的变革。直到原创天才周杰伦的出现，给华语乐坛增添了原创音乐的光彩。

　　周杰伦以一种新奇、多种风格杂糅的音乐在短暂的时间内，征服了一大批听众。对于听惯了那些"传统"翻唱流行乐的人来说，周杰伦的歌简直就是一道滋润干涸土地的水流，不仅滋润了听众们的耳朵，还培育了华语乐坛原创的花骨朵。毫无疑问，他就是华语乐坛的原创天才，哪怕有人对他的唱腔产生极大的争议，也无法否定他的原创才能。

华语乐坛的"四大天王"曾经如此评价周杰伦：

刘德华说过："我曾每天听两个小时周杰伦的歌，虽然他唱歌咬字不清，听不懂在唱什么，但听他的歌没有压力，他的音乐给人一种舒服的感觉。"

张学友说过："我非常欣赏周杰伦的创作才华，因此老早就要求希望有机会能和这位小才子合作擦出火花。"

黎明说过："他不是一般的歌手，他融合许多外国的音乐元素，集合而成再创出个人风格，可以说身体里的DNA已经会唱歌。"

郭富城说过："杰伦是我非常欣赏的歌手，他的作品代表了现在音乐风格的改变和潮流。虽然我们年龄有差距，但是兴趣相投，可以拉近我们的差距。"

即使去翻找当下的许多原创音乐人或者原创歌手，大概也很难找到像周杰伦这样，"四大天王"全都给予极高评价的人。对于华语歌坛来说，周杰伦拓展了中文原创曲风，从某种程度上来说，他是第一个吃螃蟹的人，是为华语乐坛开辟新时代的领跑人。周杰伦为华语乐坛做出的贡献并不是偶然，这些都是建立在他的创作天才之上。

原创音乐天才周杰伦的成功之路也并非一帆风顺，为了能够极致发挥，他也付出了许多，失去了许多。他还经历过许多常人无法想象的痛苦，承受过巨大的写歌压力。周杰伦的奋斗从幼年开始，他的母亲花掉全部的积蓄为他买了第一台钢琴之后，他就一直在母亲的监督下日日练琴。甚至因为一直练琴，很难有时间与同龄人一起玩耍，导致了他之后不善言辞的沉默性格。但是也正因为他的性格，才能够让他在往后写歌的过程中全身心地投入，让他在巨大的压力下也能平静地完成质量上乘的作品。

1997年，18岁的周杰伦参加了中国台湾星光电视台的娱乐节目《超级新人王》，后被吴宗宪邀请到阿尔法音乐公司担任音乐助理。虽然这对周杰伦来说是一个巨大的机会，但是周杰伦特立独行的创作风格并没有马上受到吴宗宪的认可。因为周杰伦的作品对比当时华语乐坛的流行乐，完全不符合当时的流行风向。后来，吴宗宪给周杰伦下了"最后通牒"——让他在10天内写50首歌并且让周杰伦选10首歌自己唱，而吴宗宪帮他把这10首歌做成专辑。如果专辑能够热卖，周杰伦就可以继续留下来；如果专辑没人愿意买单，那么周杰伦就要自己离开阿尔法音乐公司。最后，周杰伦居然真的在10天内写了50首歌，他选了10首歌组成了他的第一张专辑《Jay》。

知名音乐人周杰伦

10天写50首原创歌曲，相当于平均4.8小时写一首歌。虽然写好原创歌曲需要极其强大的才能，但是任何音乐天才在10天写50首歌也需要有极强的抗压能力和巨大的努力。从小就习惯默默练琴、默默写歌的周杰伦并没有为此抱怨，只是把这种在旁人眼里几乎不可能完成的任务当作自己的发展机会，并出色地完成。

周杰伦现在在华语乐坛已经是一名成功的歌手和音乐人，也是公认的华语原创音乐的天才。有人曾统计，2010年，周杰伦的歌的下载量位列世界第三，仅次于Lady Gaga和迈克尔·杰克逊。就如同多数成功者一样，周杰伦的成功同样是"天才与极致发挥"带来的成果，是在发现天才的基础上拼命奋斗换来的成就。

周星驰：追求完美的"喜剧之王"

周星驰是一位通过喜剧表演创造了一个全新电影时代的伟大演员，同时也是一位成功的导演。如果说周杰伦是华语乐坛中影响一代人的成功者，那么中国电影界影响一代人的成功者就是周星驰。周星驰对电影的贡献，无论是电影圈内的专业人士，还是圈外的观众都不会去否认。周星驰对电影的痴迷程度甚至可以说是到了入魔的境界。他对每一个镜头要求都非常苛刻，为了达到他想要的效果不惜牺牲一切，所以才会有那么多经典电影。

在他还是喜剧演员的时候，他就苛刻地要求着自己。当他终于靠着努力和才能成为导演后，他不仅苛刻地要求自己，还苛刻地要求所有与他合作的演员。成为导演后的周星驰不管对方是著名演员还是跑龙套的配角，都必须按照他的要求完成表演，以便为观众呈现最好的电影。

与多数天才不同的是，周星驰并没有一开始就表现出他的天赋，他是从努力开始证明自己的天赋的，并使自己走向成功。他为了成为一名演员，默默地付出了许多努力，跑了许多年的龙套，甚至在香港无线艺员训练班毕业后被安排成为一名儿童节目的主持人。一直梦想着成为著名演员的周星驰，眼看着自己的前任主持人梁朝伟因为拍电影、拍电视剧大红大紫，内心非常痛苦。然而他一直默默忍受着这份痛苦，在主持之外依然坚持在各个电影里"跑龙套"。

1988年，周星驰终于获得了一次机会，他作为《霹雳先锋》的配角出场，一举夺得了当年中国台湾金马奖"最佳男配角奖"。在电影的拍摄片场，周星驰虽然只是配角，却是最努力、最拼命的一个。甚至因为他演得太过认真，遭到了导演李修贤的否定和不理解，然而周星驰并没有因为导演的不理解而放弃努力。在拿到金马奖"最佳男配角奖"之后，周星驰开始在演艺界充分展示他的"无厘头"表演。更神奇的是，外界认识周星驰的人无一例外地说他是一个"沉默寡言"的人，但是这位沉默寡言的人在演戏的时候却总是陷入"疯狂"的努力之中。

当周星驰还是"小人物"的时候，他就在拼命努力并且苛刻地要求自己，甚至他的过分拼命让周围的人都对他敬而远之。就算如此，他也没有放弃努力。可以说，周星驰就是在努力上建立起"喜剧王国"的天才。

《大话西游》剧照

虽然周星驰拍了无数部喜剧电影，却一直无法改变他本人不善言辞的性格。甚至这位在电影镜头前可以发疯表演搞笑桥段的影视界天才，在面对记者的采访时还会紧张到不知做出怎样的反应。

周星驰的天才以及对表演苛刻的态度从他在《西游·降魔篇》中对男主角文章的要求就可以看出。《西游·降魔篇》中文章饰演年轻时的唐三藏，是一名驱魔人。驱魔人段小姐喜欢唐三藏，为了把唐三藏追到手，无意间在唐三藏身上贴了"听话符"，然后唐三藏在"听话符"的控制下不得不学女人跳了一段无比妖娆的舞蹈。这段镜头周星驰前后拍了53次才满意，让一个男人模仿这么多次女人，文章实在是难以忍受。于是，文章问周星驰："我这跳得不好吗？大家都乐了！"周星驰回答："如果只是让观众乐，那是一场闹剧，不会成为经典，要成为经典，必须是一场喜剧。"文章接着问："这二者有区别吗？"周星驰回答："有，就看用不用心，注重每个细节，不要流于形式。记住，每位观众都很精明，他们都是鉴赏家和影评人，笑后什么都没有留下，他们不会再看。要让他们留恋，需要我们加倍努力。请相信，只要你付出努力，观众们都会知道，汗水绝对不会白流。"

结果，《西游·降魔篇》文章学女人跳舞的那段片段真的火了，甚至还有许多网友把这段截出来做成了各种搞笑视频。这段不到一分钟的经典片段肯定少不了文章的功劳，但更少不了周星驰这位天才导演的指点。周星驰就是这样的天才，他不怕外人不懂他的苛刻、不懂他的努力、不懂他的天才，对他来说他的天才起源于喜剧，他要把现在得到的再回馈于喜剧。可以说，周星驰的成功是"努力与天才"共同作用带来的结果，同时也是喜剧天才在独自奋斗中的最大收获。

马云：找到你的相对优势领域

成功的人一定少不了努力，但是拼命努力的人却不一定能够成功。甚至对于很多正在努力拼搏的人来说，自己的努力可能只是在错误的方向上做出的无用功。因为很多人都没有去发现自己的天才，没有去找到自己的相对优势领域，只是找了一个自己感兴趣的工作，实际上并不知道自己的工作、自己努力的方向是不是相对优势的领域，所以在努力之前可能就犯下了方向或者领域方面的错误。努力只能为自己的优势加分，如果一开始就弄错了自己的相对优势，那么努力也只是在为错误加分，因此一定要在找到自己的"相对优势"的前提下，再以努力加分使自己更加靠近成功。

阿里巴巴创始人马云在没找到自己的相对优势领域之前，曾经在许多领域上都有过失败的经历。马云自己也承认过，青年时代的他最熟悉的就是失败。马云曾面试过各类服务员的岗位，然而他总是第一个被淘汰。最后他选择了互联网行业之后发现了自己的天才，并且找到了许多适合他的优势行业。在不断尝试以及失败和成功的经历中，马云终于找到了他的相对优势领域，并且将自己的天才与努力相结合，创办了阿里巴巴集团。

在阿里巴巴集团没有成功之前，马云的人生真的充满了失败。马云13岁因为与同学打架而转学，参加了两次中考才勉强考上普通高中。他的前两次高考因为数学成绩太差，都遗憾落榜。落榜后他和表弟一起应聘酒店服务员，结果表弟被录取，而他因为"长得丑"被酒店拒绝了。他想做酒店服务员的梦想无法实现，只能去寻找别的工作。他做过搬运工、秘书，还蹬着三轮车给杂志社送书。马云的父亲都看不下去了，劝他放弃高考，但是他依然没有放弃努力，参加了第三次高考。这一次高考，马云的数学分数虽然比前两次高出很多，但是依然拖了整体的后腿，导致他最终还是落榜。然而，由于当时各大高校对英语开始逐渐看重，马云因格外优秀的英语成绩被杭州师范学院破格录取。

无论是数学还是酒店服务员，显然马云并没有这些方面的天赋。马云的三次高考，数学从1分提高到了89分，但是对于最终的高考结果来说却没有多大的影响。因为努力只能为他加分，但是在不擅长的领域做出再多的努力也只能让自己勉强达到普通人的水平，反而是马云的英语天才让他脱颖而出。所以，真正引领成功的是发现自己的天才。只有发现自己的天才，在正确的方向上努力，才能避开自身无法解决的问题，进而使自己迈向真正的成功。

马云是一位天才老师和领导者，在马云眼里，老师的任务就是"分享和启迪"，结果他把这两项运用到企业中，不仅把自己与企业相关的知识分享给他的团队，还"启迪"了整个企业。马云分享最多的就是失败，30岁的马云已经经历了4次创业失败。第4次失败后马云从北京回到了杭州，再次从头开始创业。对马云来说，在失败中获得的启迪最多，因此他总是对他的团队以及对外界分享他的失败经历，并且从每次失败中都能总结出许多知识和经验，为下一次的创业打下更加牢固的基础。

马云在30岁以前都在不断地打磨自己，最终带领阿里巴巴走向成功。大学毕业后马云成了一名英语老师，在授课的业余时间他不仅成立了翻译社，还去义乌等小商品市场进货做起了零售。他卖过鲜花、小礼品、袜子、手电筒……靠着零售和翻译社的利润赚到了第一桶金。然后，马云打造的第一个B2B商业网站"中国黄页"上线后，他做互联网生意的目标越来越明确。但是伴随着互联网的发展和其他黄页网站的出台，马云果断地放弃了黄页，再次开始了全新的创业之路。30岁后，马云创办了阿里巴巴。创办初期，电子商务对中国来说还是一件新奇的事物，那时候的马云就已经看准了电子商务在中国未来的价值。就如同每个初创企业一样，阿里巴巴的初期也充满了艰辛。因为国外没有类似的参考模式，国内互联网行业又不看好阿里巴巴，其他对此一知半解的人甚至认为马云是个"骗子"，所以阿里巴巴当时所处的局面非常尴尬。但是，所有的困难对马云来说都不算什么，因为他已经在前期的失败中经历了许多也得到了许多。在马云的不断努力和坚持下，阿里巴巴在创立的一年后获得了2500万美元的融资。

阿里巴巴创始人马云

马云在杭州担任英语老师时创立的海博翻译社，如今已经是杭州最有权威的翻译社之一。马云的第一个"中国黄页"在建立一年后，获得了700万元的营业额，并让当时的马云成了杭州市的名人。对当时的马云来说，无论是翻译还是黄页都是他的优势，但是他都没有选择这两项，而是把阿里巴巴定为最终的目标。因为马云觉得阿里巴巴更适合中国的发展，并且阿里巴巴也非常对他自己的"口味"。马云的所作所为正如他自己说过的话："如果你不喜欢现在的工作，要么辞职不干，要么就闭嘴不言。看透的时候，勇于放弃。"于是他在所有的优势中，找到了对于自己来说更合适的优势。

并不是所有的努力都能有回报，为不让自己的努力白费，就要先发现自己的天才。在适合自己的方向上努力，才会让自己的优势变得越来越明显。也有一些像马云的人会同时发现自己的天才可以用在许多优势领域，那么就要去选择适合自己的相对优势领域，勇敢地放弃其他的领域，这样才能把自己的天才和努力全部奉献给一个方向，进而让自己收获到最大的成功果实。

第八章

发掘你的天才潜能

天才潜能是隐藏在我们身体内的宝藏。一旦你发掘出这个宝藏，你将获得无穷的力量，快速踏上成功之路。对于每个人来说，他所具备的天才潜能都不同，所以我们不可能从别人身上了解自己的天才潜能是什么。要发掘自己的天才潜能首先要筛选爱好，其次突破自我设限的障碍，最后在不断尝试中发现自己的优势、放大优势。由此，你才能真正握住打开自己天才潜能的钥匙。

每个人都有自己的天才

中国台湾著名的散文家刘墉在《每个人都是天才》一文中写道："你要相信上天给每个人一份天才，只是它藏在某个角落，等着你的老师或是你自己把它发掘出来。藏在你家中的宝藏，当然该由你自己最先发掘，对不对？"每个人诞生到这个世界，都是为了创造各自的价值，而人的最大价值就潜藏在各自的天才里等着自己去主动发现。每个人都有自己的天才，觉得自己平庸的人，只是还没有发现自己的天才。只要相信自己，主动去了解自己、分析自己、解剖自己，就能够在自己的兴趣、优势等方面发现自己的天才。

中国唐朝著名的浪漫主义诗人李白在自己被贬官的时候写下"天生我材必有用"的豁达诗句，这句话已经成为影响中国后世万千人才的句子。因为这句话给人最大动力就是自信，让人相信自己，相信自己拥有天才，相信自己的天才必定有可以施展的地方。

2005年春节联欢晚会上，21位平均年龄在21岁的聋哑舞蹈演员，用一部音乐话剧舞蹈——《千手观音》征服了全中国的观众。精彩绝伦的《千手观音》不仅给人带来极大的震撼与感动，无法听到声音的舞者们还用她们的实力向世界展示了她们的天才。为《千手观音》编舞的张继表示，由于聋哑人听不到声音，又要求动作统一协调，所以在演出的现场，有四位艺术团的手语老师分别位于舞台四角用手语指挥聋哑人演出。虽然她们听不到音乐，但是手语老师就是她们的耳朵，她们随着音乐的节奏将优美的手语动作传达给观众。而当《千手观音》脱离四位手语老师的指导时，则需要舞者通过地板的震动来对节奏，用后颈感受后面人的呼吸来配合。

《千手观音》表演现场

对于这些聋哑舞者来说，他们的天才就是舞蹈。虽然没有办法像一般舞者那样去"听"音乐的节奏，但是他们有自己特殊的办法去"感受"节奏，而他们感受节奏的方式是一般舞者都无法学习的。聋哑舞者的《千手观音》就是典型的"天生我材必有用"的证明，她们没有因为自己失去的放弃自己，反而因为发现了自己的才能，让她们能够在舞台上变得更加耀眼夺目。

人类个体身上最大的宝藏，就是自己的天才。所谓的天才并不是靠智商或者其他方面的数据就可以衡量的东西，就如同爱因斯坦所说："每个人都是天才。但如果你判定一条鱼的标准是它能不能爬树，那么它这一生都会觉得自己是个废物。"天才既然无法通过数据来显示，那么就需要自己来感受自己的宝藏"藏"在什么地方，需要自己来估量自己的宝藏能带来多大的价值。

获得1957年诺贝尔物理学奖的杨振宁虽然一开始在物理上发现了自己的天才，却在实践中出现了一些"偏差"。因为杨振宁一开始选的是物理实验方面，但是杨振宁的动手能力明显不怎么好。当时的杨振宁立志要写一篇实验物理论文，但是他过差的动手能力让他万分痛苦。"氢弹之父"泰勒博士向他提出建议："我认为你不必坚持一定要写实验论文。"杨振宁接受了泰勒的建议，从此他转入理论物理研究领域，并且与李政道合作提出了"弱相互作用中宇称不守恒原理"，进而获得了诺贝尔物理学奖。

物理学家杨振宁

对于杨振宁来说，"理论物理"就是他的宝藏，但是他没有在一开始就挖掘到这个宝藏，而是偏离了方向。好在他及时听从了泰勒博士的建议选择了理论物理，才让他自己能够及时获得成功，并让华人收获了一位伟大的诺贝尔奖获得者。

每个人的天才都是各自固有的宝藏，即使自己在挖掘过程中出现了偏差，只要找对了正确的宝藏点，在挖掘中不轻言放弃，那么发现天才只不过是时间的问题。

虽然有很少一部分幸运的成功者，在很小的时候就被他人或者通过自己发现了自己的天才，但是对于多数人来说自己的天才还需要自己去发现。只要能在发现天才的过程中相信自己拥有天赋，通过各种方式不断地挖掘，每个人都能够找到自己的天才。就如同教育家肯·罗宾逊与卢·阿罗尼卡合著的书《发现你的天赋》中所写的："天赋就是这般让你浑然不觉，让你在做某件事情时能产生强烈的共鸣，促使你发自内心地做自己。"

筛选爱好，发现自己的特长

爱好是人类最大的正能量源泉。旅游、摄影、绘画等被多数人青睐，也有部分人把理财、销售、管理等当作自己的爱好。无论是什么样的爱好，对个体来说都能带来快乐的精神享受。爱好往往能够反映一个人内心的追求以及个人的潜在能力，多数成功者就是在爱好中发现自己的特长，然后根据自己的特长进一步发现自己的天才。因此，筛选爱好、发现自己的特长是多数人发现自己的天才的第一步。

人活着就不能离开爱好。哪怕爱好是吃美食、四处玩乐都是合理的，因为爱好的主要目的就是带给人们情感和精神上的满足，让人们因为做了某件事而感到快乐。肯·罗宾逊说过："情感的满足与精神的成就感能为个人带来极大的快乐，而且这种快乐与我们所从事的创造物质财富的工作所带来的快乐不相上下。"拥有爱好才能拥有快乐以及发现特长的机会，有特长才能发现自己的天才，因此拥有爱好是发现天才的基础。没有爱好的人不仅无法发现自己的天才，还让生活变得枯燥无味。但是爱好是可以凭借一定的方式来寻找的，任何人都可以通过以下途径来寻找自己的爱好。

一是拓展自己。拓展自己就是通过阅读、亲自体验、亲自观看以及与他人交流等获得更多的知识。知识阅历丰富了，知道的自然就多了。书本中的某个段落、亲眼看到的某个场景、他人说出的某句话等都可能成为打动自己的关键点，进而与自己产生共鸣，使自己产生浓厚的兴趣。既然有了兴趣，爱好也就会跟随而来。

二是回顾自己。回顾自己就是回忆自己曾经的经历，比如小时候有没有对某些东西特别感兴趣，或者自己曾经特别想做但是又没有机会去做的事。可以去看看自己曾经写过的日记、信件或者与他人的不经意的聊天记录，可能在回忆的过程中就会发现被埋在心底的爱好。

爱好是人类不可缺少的部分，哪怕是已经发现了自己的天才并取得成功硕果的人，也一定会保留自己的爱好。比如阿里巴巴的马云对金庸武侠小说痴迷到无法自拔的地步，他不仅收集了整套的金庸小说，还自创了金庸武侠中的招式；京东的刘强东喜欢穿越沙漠，因此每年都会给自己放假20天用来完成沙漠穿越之旅；搜狐网的张朝阳爱好登山，连喜马拉雅山他都攀登过……对这些成功者来说，爱好只是单纯的自我满足，但是对于还需要挖掘天才的人来说，爱好是发现自己天才的开端。通过寻找爱好、筛选爱好，才有机会发现自己的天才，进而为成功指明前进的方向。

找到自己的爱好后，在爱好中发现自己的特长，是发现自己天才的重要环节。比如法国皇帝拿破仑从小就爱好军事、政治，长大后指挥作战成为他的特长，所以他才能发现自己的天才，进而创造了一系列军事奇迹。对于已经成年的人来说，此时开始寻找爱好，并在爱好中发现特长也不算太迟。

《追风筝的人》的作者卡勒德·胡赛尼是一名移民美国的阿富汗人，他的本职是一名内科医生。虽然卡勒德·胡赛尼从小就有阅读和写作的兴趣，但是他一直没有将写作视为他的特长。他只是把自己写的作品念给家人听，从未想过出版。直到1999年，34岁的他看到了一则新闻，于是卡勒德·胡赛尼写了一个以他在阿富汗度过的童年生活为背景的故事。没想到《追风筝的人》一书一经出版就受到了全世界的关注，他从爱好中发现了自己的写作天才。于是，他在平时工作的休息时间继续写作并出版了第二本书——《灿烂千阳》。《灿烂千阳》也快速地获得了成功，并且卡勒德·胡赛尼凭借这两本书步入了畅销书作家的行列中。

卡勒德·胡赛尼的写作爱好就是他的特长。虽然他一开始并不知道自己拥有这项特长，但是伴随着《追风筝的人》的畅销，他马上意识到了自己拥有写作的天才，所以才会有《灿烂千阳》的诞生。

英国作家J. K. 罗琳同样也有类似的经历，她一直都把写作当作自己的爱好，24岁时就有了创作哈利·波特系列的念头，但是直到31岁她才开始申请出版。同样，伴随着第一部小说《哈利·波特与魔法石》的成功，J. K. 罗琳发现了自己的天才并成了一名职业作家。

无论是卡勒德·胡赛尼还是J. K. 罗琳，他们在机缘巧合之下筛选到了写作这个爱好，并且发现了写作就是自己的特长，进一步凭借自己写作的天才步入了成功者的行列。多数成功者也是通过这种类似的经历发现自己的特长并获取成功的。这种通过筛选爱好、发现自己的特长也是大多数人都可以采用的发现天才的通用方式。

如果能够在爱好中发现自己的特长，那么就可以将自己的兴趣爱好与人生财富相结合。不仅可以为自己带来情感与精神上的满足，还能够让自己的天才为社会、为世界创造更多的价值，使自己为成功付出的努力变得不再艰难和痛苦。因为爱好能够给人带来快乐；一切建立在爱好上的天才都会在努力中获得快乐，并且会因为快乐而更加努力。所以，从爱好中发现天才获得成功的人会比其他的成功者更加幸福。

突破自我设限的障碍

对人类来说最大的痛苦，既不是天灾人祸，又不是面临无数次的失败，而是把自己局限在一个狭小的范围内，从来没有意识到自己的潜能和天才。因为人们在成长的过程中会自动从过去发生的事情中积累经验，或者从他人身上积累经验，这些经验会促使人们在心理上认为自己无法突破某些障碍，也就是进行自我设限。一旦人们在心理上给自己设定了限制，就会降低人们的自我发展高度，进而降低成功的概率，甚至会让人在心理上直接放弃成功的想法。

要突破自我设限的障碍并没有那么容易，因为自我设限是人在生活中常见的问题，很多时候自我设限的心理障碍已经不知不觉融入人们的习惯中了。比如刚刚毕业的大学生，只愿意接受专业对口的工作；长期从事某个岗位的员工突然调岗，业绩出现下滑后称自己无法适应新岗位；一些人认为自己比较内向，所以从来不主动找人说话；因为自己五音不全，所以坚决不唱歌……这种自我设限的障碍在一定程度上影响了多数人发现自己的天才，甚至让人从心理上与自己的天才隔离开。

想要走向成功，就必须突破自我设限的障碍，从心理上拉近自己与成功的距离。从改变观念开始，把曾经限制性的旧观念统统抛开，然后培养积极的心态来面对这个世界，让自己的内心变得强大，自我限制自然就会消失。

习惯性自我限制的人，在做事之前的第一个想法就是"不一定能把事情做好"或者"这种事情没办法做"。怀揣着这种想法的人，一旦失败就会马上原谅自己，并且觉得失败是理所当然的。自我限制会使人产生负面的想法，在事情还没有开始之前就让人退缩，并且让人无法全力以赴地面对每一件事，进而使人类个体无法获得进步。想要突破自我取得进步的人，要不断地打破原有的观念，建立全新的想法，使自己不断前进。

澳大利亚的著名励志演说家约翰·库缇斯天生双腿残疾，17岁时因为同学用小刀将他毫无知觉的腿切得血肉模糊，伤口感染，被迫切去下半身。在长期被欺压和心理压力之下，约翰·库缇斯曾想："为什么只有我的生活这样悲惨？在学校里，我就像一个怪物，只是让更多的人开心取笑的对象。这样活着还有什么意义？"但是他的母亲称赞他是"世界上最可爱的孩子"，父亲告诉他"人是为责任而活着，即使身体上有残缺，也可以创造一番事业"。在父母的鼓励下，他开始逐渐转变自己的观念，时刻鼓励自己坚持下去。他努力生活、学习、锻炼，在"坚持下去"的观念之下，约翰·库缇斯不仅战胜了自身残疾的问题，还通过向世界分享自己的经历和人生经验成为伟大的励志演说家。

正因为约翰·库缇斯在艰辛的环境下，通过父母的鼓励突破了心理上的限制，并且通过心理的力量引导身体的力量，才使自己比一般人活得更加精彩。过去的经历已经成为过去，约翰·库缇斯突破自我后，过去的经历不再对他产生影响，才最终走向了成功。从突破自我出发，彻底改变自己旧有的观念，就能够使自己的心更加靠近成功。

积极的心态不仅能让人在失败中快速吸取经验，还能够让人在日常生活中得到许多收获。在改变了自身观念的前提下，培养积极的心态，就能够让自己面对以后未知的挑战都怀有一颗前进的心。

肯德基的创始人哈兰·山德士上校62岁开始创业，这位开创了世界最大炸鸡连锁店的人，曾在创业的时候被人拒绝1009次。哈兰·山德士上校是一位心态积极的创业者，即使面对如此多的失败，他依然保持着微笑。人们经常在肯德基门店中看到的白胡子、笑眯眯的老人像或者Logo（商标），就是以哈兰·山德士上校为原型打造的。哈兰·山德士上校在肯德基获得成功后，还为肯德基的形象代言人四处宣传。无论在什么地方进行宣传，哈兰·山德士上校脸上的笑容从未改变过。

肯德基创始人哈兰·山德士

在哈兰·山德士上校的微笑背后，隐藏着为梦想拼搏、不达目标不罢休的积极心态，因此他才能坦然面对1009次失败，并且在1010次获取成功。而这份积极的心态，也让哈兰·山德士上校在成功达成目标后，依然不断地向上拼搏进而获取更高的成就，甚至让他的微笑成为肯德基独有的特色。对于去过肯德基餐厅的顾客来说，他们可能不记得肯德基的创始人的名字是哈兰·山德士，但是所有人都会记得在肯德基里有一位特殊的白发老人，总是保持可爱的笑容。

在尝试中发掘自己的天才

能站上人类顶端的成功者，多数都是在不断尝试中发掘自己的天才，进而获取成功。比如马云先后尝试创业了五次，前四次对他来说都失败了，第五次尝试创业终于成功地打造了阿里巴巴集团；京东商城的刘强东，在京东商城创立之前尝试做过程序员、开过饭馆，甚至还骑着三轮车卖过光碟，但是他最终选择尝试创立京东商城并获取了巨大的成功；SOHO公司董事长潘石屹放弃了政府机关的稳定工作，在咨询公司工作过、做过砖厂厂长、办过电脑学习班等，最终他在尝试建立SOHO公司的过程中获得他梦寐以求的成功……这些成功者在发现自己的天才的过程中，无一例外都充满了艰辛。没有人能指导他们，他们刚开始对自己前进的路也很迷茫，但是他们都没有放弃，即使失败了也要反复尝试。终于，他们在不断尝试中挖掘了自己的天才，并且在尝试与失败之间找到了成功的关键点，促使自己走向成功的康庄大道。

善于做生意的商人总能抓住市场中的商机，渴望成功的人同样也会抓住每一次可能成功的机会，并且不断地为每次机会尝试。哪怕是已经在某个领域有所成就的人，如果要想使自己能够继续前进，同样需要抓住眼前所有的机会勇敢地尝试。

腾讯公司首席执行官马化腾就是一位善于抓住机会，并且勇于尝试的人。

腾讯QQ获得成功之后，在很长的时间内，腾讯都只是在做完善和规范QQ服务的工作。后来马化腾在网上无意间看到一个韩国的换装小游戏，就是通过电脑使用者的操控给虚拟人物换装。马化腾觉得这个游戏挺有意思，于是就产生了想把这种玩法搬到QQ中的念头。当时的马化腾联系了许多著名的服装公司，把他们的新款服装与QQ秀相结合，结果获得了意想不到的成功。甚至在一段时间内，QQ秀成了腾讯公司最大的利益来源。

腾讯公司是一家敢于尝试的公司，马化腾是一位敢于尝试的成功者。虽然不是每一次尝试都像QQ秀那样成功，也有像腾讯微博那样被其他企业完全压制的尝试，但是依然没有挫败马化腾勇于尝试的心。正是因为勇于尝试，才使腾讯的业务越来越多，不仅在互联网通信、社交上有所成就，甚至在影视、综艺等方面都获得了成功。正如马化腾在微博上所说："因为我们正青春，我们有激情和兴趣去探索，我们有理想和信心再携手。"在他不断地尝试探索之下，他的天才影响力被不断地扩大，进而使多种成功的可能性不断地增加。

不断地尝试，不仅需要人们去抓住多种机会在多方面进行尝试，还需要人们在一件事上专注地尝试。也就是说，某些事需要反复尝试，甚至花费多年的时间去尝试才能有所收获。比如"两弹元勋"邓稼先，不断地尝试了六年，才让中国的第一颗原子弹成功爆炸；"杂交水稻之父"袁隆平，不断地尝试了11年，才种出解决世界温饱问题的杂交水稻……这些成功者都是在自己专注的事业中反复尝试，以时间和精力为代价换取天才与成功。

伟大的推销员乔·吉拉德说过："你所想的就是你所想，你一定会成就你所想，这些都是非常重要的自我肯定。Impossible（不可能的），去掉im，就是possible（可能的）了。要勇于尝试，之后你会发现你所能够做到的连自己都惊讶。"35岁前的乔·吉拉德过着极度失败的人生,直到35岁后他踏入了汽车销售行业。实际上,乔·吉拉德有严重的口吃,但是口吃也促使他放慢说话的速度,并使他专注地聆听客户的需求。不仅如此,他还为每一位客户做了档案,掌握了所有与他接触过的客户的需求,然后用他黏人的功夫卖掉了不少汽车。曾经有位客户跟乔·吉拉德说他半年后才想买车,结果乔·吉拉德半年后还记得这位客户,并提前打电话推销汽车。

袁翊杰与伟大的推销员乔·吉拉德合影

乔·吉拉德是天生的推销员。他的身上有着一般推销员没有的顽强毅力以及对事业、对客户的专注,哪怕他心里知道客户在随意找理由应付他,他还会不断地尝试。对于多数推销员来说,他们吃了客户的"闭门羹"之后就会快速地放弃这个客户,另寻下一个目标,可能过一段时间就完全把这个客户忘记了。但是乔·吉拉德不会这样做,哪怕经过几年的时间,他依然会打电话询问拒绝过他的客户。就是因为他这种坚持不懈的专注以及不断地勇敢尝试,才让他打破吉尼斯的推销纪录,飞跃成一名人人向往的成功者。

大部分人在遇到自己认为很难完成的事情的时候,都会不知不觉地选择退缩，放弃尝试。但是没有专注尝试过的事情，所有人都不知道未来会有怎样的结果。也许这件事并没有心中想象的那么艰难，甚至在不断尝试中，会在曾经从未做过的事情里发现自己的天才。发现自己的天才，是勇于尝试、专注尝试带给人们最大的收获，同时也是寻找成功之路的必然经历。

放大优点，找到你的天才

这个世界上既没有毫无优点的人，又没有全是优点的人，所有人都有各自的缺点和优点。发现自己的优点、放大自己的优点，也是一种发现天才的方法。然而很多人都不会放大自己的优点，甚至找不到自己的优点，进而无法在自身的优点中找到自己的天才。因为多数人容易陷入自己的缺陷中，被缺陷蒙蔽双眼，进而无法发现自己的优点。只有将自身的优点无限放大，才能发现自身的天赋。

实际上，发现优点并没有想象中那么困难，甚至发现优点比发现爱好、培养特长简单得多。一个人身上具备的优点，一定是经过漫长的成长过程形成的特长，所以优点就是一个人的特色。很多人都是借助别人的眼睛，发现自己的特色，比如父母、朋友、老师等，甚至第一次见面的陌生人。

爱因斯坦从小就是一个"奇怪"的孩子，因为他总是会问出许多稀奇古怪的问题，老师和同学都不能理解他，甚至都看不起他。然而，爱因斯坦的母亲却认为他是"世界上最可爱的孩子"，甚至母亲还从小鼓励爱因斯坦去探究世界、质疑世界。在别人都以为陷入沉思中的小爱因斯坦是傻孩子的时候，只有他的母亲知道他在沉思，并判断"他将来一定是一位了不起的教授"。不仅如此，母亲还从小鼓励爱因斯坦勤奋学习，鼓励他探究所有事物背后隐藏的真相。

在别人都认为幼年的爱因斯坦是傻孩子的时候，只有爱因斯坦的母亲从他的行为以及质疑中看到了他的优点，并且鼓励他去学习、探究、质疑。如果爱因斯坦的母亲没有发现他的优点，而是像一般人一样认为他就是傻孩子，那么很难想象这位伟大的物理学家是否能获得最终的成功。因为发现优点是爱因斯坦成功的开始，正是因为母亲发现了他的优点，并且为他提供了放大优点的环境，才让他能够发现自己的天才，并如同他母亲所说的那样成了一名"了不起的教授"。然而并不是所有人都像爱因斯坦那么幸运，能够在他人的帮助下发现自己的优点，在多数情况下还是要依靠自己来发现自己的优点。

美国的"钢铁大王"安德鲁·卡内基为了发现自己的优点，自创了一套"幸福游戏"。每当他感到不幸和沮丧的时候，就会玩"幸福游戏"来增加自己的幸福感。而卡内基的"幸福游戏"，其实就是在一张纸上写下自己所有的优点，再想："如果没有这些优点，我会怎么样？"每一次卡内基玩过"幸福游戏"之后，都会觉得眼前所有的不幸和烦恼都不算什么了。

用"幸福游戏"来发现自己的优点也是一种非常好的办法，任何人只要仔细想想，就一定能够找到可以写在纸上的优点。把自己所有的优点写在纸上，不仅能够提高自己的幸福感，让自己充满信心，还能让自己不断地进步，不断地产生更多的优点。

在发现自己优点之后，就可以通过放大优点来找到天才。多数成功者都是在了解自身优点的情况下，放大自己的优点进而发现天才。这些成功者无一例外，从来没有被自己的缺点蒙蔽双眼，而是以自己的优点为出发点，让自己在某一领域中发挥优点和特长，使自己迈向成功。

"俄国文学之父"普希金从小就不擅长数学。这位在文学上取得巨大成就的文豪，在写数学题目的时候，总是最后得出"0"。之后普希金每次做数学题，干脆不看题目直接在答案上写个"0"。但是，普希金非常擅长写诗，他八岁的时候就能够写法语诗，12岁开始写其他的文学作品。普希金并没因为自己的数学成绩感到绝望，反而一直专注于自己擅长写诗的优点上，最终让他在文学上取得了巨大的成功。

普希金不懂数学，但是写诗是他的优点。所以他专注于写诗，并以诗歌为核心优点持续放大，写下了许多著名的诗歌、小说等文学作品。普希金就是一位充分发现自身优点、放大自身优点的人，同时他还在放大优点的过程中发现了自己的天才，以此为起点获得了成功。

每个人身上都有优点和缺点，成功者往往能够发现优点、放大优点，并以优点为进步的起点，不断地发现更多的优点。比如马云承认自己"长得不好"，但是他没有因此感到沮丧，反而以擅长英语的优点，在那个缺乏英语人才的年代靠当英语老师、做英语翻译赚到了人生的第一桶金。所以，发现优点、放大优点，以自身成熟的优点为基础进行拓展，是找到自身天才的一个重要方法，同时也是成功的必备因素。

定下天才目标，开始上路

天才就像是埋藏在人类身上的宝藏，只要能够发现自己的宝藏，就能够凭借这些宝藏踏上成功的道路。但是在开始上路之前，一定要为自己定下最终的目标，并且这个目标一定是以自身的天才为基础的，与天才所涉及的领域相符合。

每一位成功者在成功之前，必定会为自己定下一个清晰、长远的人生目标。虽然这个目标可能在计划上要花费5年、10年、20年，甚至更久的时间才能实现，但是这个目标一定是建立在发现天才的基础上，然后再依靠个人不断地努力才能实现。没有任何人在定下目标后，不去发现天才，不去付出努力，就能完成目标获得成功。同样地，没有为自己定下清晰、长远目标的人，也无法取得真正的成功，甚至一辈子都只能碌碌无为下去。

哈佛大学在1953年曾经做过一个目标对人生影响的调查实验。哈佛大学首先抽了一批智力、学历、环境等客观条件都差不多的年轻人，然后调查了他们的目标，并且对他们做了一个长达25年的跟踪调查。最后发现，27%没有目标的人几乎都生活在社会的最底层，他们抱怨他人、抱怨社会、抱怨世界，时常要靠社会救济才能活下去；60%目标模糊的人几乎都生活在社会的中下层，他们拥有安稳的工作和生活，但是并没有取得特殊的成绩；10%有短期目标的人多数都生活在社会的中上层，他们依靠制定短期目标并不断地实现短期目标，最终成为各行各业出色的专业人士；3%拥有清晰的长远目标的人，25年来一直坚持着他们的目标，并为了实现目标不断地努力，最后他们成了社会中的佼佼者。

造成这种差异的主要原因，就是3%的人定下了长远的天才目标，并为了实现这个目标付出坚持不懈的努力。成功或失败对于个人来说就是一个选择和努力的结果。没有目标的人就等于放弃了选择成功，没有选择就不会付出更多的努力，更不会获取成功。拥有长期目标的人就等于为自己选择了一条通向成功的道路，并以此为动力不断地努力，使自己无限地靠近目标，取得最终的成功。

长远的目标并不是一朝一夕就可以实现的，需要人经过长时间不断地努力、不断地坚持才能够实现。就算已经完成了实现目标的第一步——发现自己的天才，在实现最终目标的过程中依然还有很长的一段路要走。为了让成功的道路走得更加顺畅，你可以尝试把长远的目标拆分成许多阶段性的短期目标，从实现短期目标开始，一步一步地实现终点的长远目标。

美国加利福尼亚州洛杉矶市南面的橙县有一座透明的水晶教堂，这座建筑由美国著名的建筑师菲利普·约翰逊与他的伙伴约翰·布尔共同设计。实际上，最初提出打造透明教堂的人是罗伯特·舒勒牧师，但是当时的罗伯特·舒勒牧师身上一分钱都没有，因为对他来说"100万美元还是400万美元的预算没有本质上的区别"。后来，这座透明的水晶教堂的初步预算高达700万美元，所有人都开始劝罗伯特·舒勒牧师放弃建造教堂。然而，罗伯特·舒勒牧师在纸上写下："找1笔700万美元捐款，找7笔100万美元的捐款，找14笔50万美元的捐款……找700笔1万美元的捐款，卖出教堂1万扇窗户的署名权，一扇窗户700美元。"这种倒推目标的方法，居然真的让罗伯特·舒勒牧师在一年内凑到了700万美元。

700万美元对当时的人来说是一个难以实现的捐款目标，但是罗伯特·舒勒却依靠拆分目标，一步一步地凑齐了700万美元。700万美元就像是长远目标，卖掉一扇教堂窗户的署名权收获700美元，就是把长远目标拆开后的短期目标，水晶教堂建造完成就是成功。

罗伯特·舒勒牧师用推导法把长远目标拆分成短期目标，并且完成了在他人眼中难以完成的任务。同样，任何人只要能够在定下长远目标的基础上，坚持实现每一个短期目标，并且为此付出努力，就一定能完成长远的目标，并获得最终的成果。

英国19世纪著名的政治家查士德·斐尔爵士说过："目标的坚定是性格中最必要的力量源泉之一，也是成功的利器之一。没有它，天才也会在矛盾无定的迷径中，徒劳无功。"依据自己的才能定下目标，是成功的必然要素。如果仅仅是发现自己的天才，从未定下未来的目标，或者只是定下模糊的目标，那么天才依然会落入社会的底层。因为目标是努力、信念、奋斗等一系列动力的源泉，失去动力的源泉，人就会停滞不前。在飞速发展的社会中，停滞不前的人就等于落后和失败，所以要去定下天才目标，再开始踏上成功之路。

第九章

专注天才，全力以赴

一个人如果知道自己的天才，却从来没有在自己的天才领域中有所作为，那么，天才对他而言依然只是一种潜能。只有那些专注自己的天才领域，全力以赴去努力的人，才能站在自己天才的肩膀上获得更大的成功。

做真正的自己

人自从诞生在这个世界上开始，就不可避免地要经历许多磨难。面对这些磨难，有些人为自己戴上了面具，就像变色龙一样不停地变化自己、伪装自己来获得生存的机会。不停地伪装只能让人与环境融入，并不能从环境中脱颖而出。而真正的成功者都是敢于脱下伪装，在环境中做真正的自己的人。

迈克尔·菲尔普斯天生注定要去游泳，姚明天生注定要去打篮球，李娜天生注定要去打网球……指引这些体育明星在不同的运动项目上发光发热的不是命运，而是他们各自的天才。因为他们从天才中找到了真正的自己，所以他们才能在自己所热爱的领域有所成就。

中国台湾大块文化出版公司董事长郝明义因为一岁的时候得了小儿麻痹症，双腿失去了站起来的力量。所有人都认为郝明义应该从事"安静"地坐下来的工作，比如写作、画画、出版等。但是性格叛逆的郝明义完全否定了这种"命运的安排"，就像为了故意证明给别人看一样，他拒绝了所有"安静"的工作。郝明义曾在自己的作品《工作DNA》中提到，他从小就排斥出版工作。他就这样四处漂泊，因为双腿的不便历经了苦难，直到中年偶然接触了出版业，才发现了他真正想做的是什么。他不再去拒绝出版这份"安静"的工作，而是顺应自己的天才，从中找到了真正的自己。

　　许多人把郝明义称为出版界的"小巨人"，因为他是中国台湾最早引进米兰·昆德拉、村上春树、伊塔诺·卡尔维诺作品的出版人，同时他还在中国台湾的出版界取得了许多人都望尘莫及的成就。然而，谁也不会想到这位从事出版业20多年的"小巨人"，一开始会如此排斥出版工作。想与命运做斗争的郝明义身上可以看到许多年轻人的缩影，由于不服气所以抗拒别人从自己身上看到的某些注定的特质，甚至拼命想要抵抗"注定"的命运。其实，就像郝明义适合安静的工作一样，这并不是命运而是他的天才。不要去把自己的天才误认为是上天安排的不公平的命运，只有发现自己的天才，顺从自己的天才，才能够从天才中找到真正的自己。

　　美国著名的原始派画家，大器晚成的摩西奶奶说过："你最愿意做的那件事，才是你真正的天赋所在。"天才能让我们找到真正的自己，做自己"最愿意做的那件事"。因为只有做自己"最愿意做的那件事"，才能从中获得快乐，才愿意为那件事全力以赴，才能从全力以赴中做真正的自己。

　　76岁是摩西奶奶开始学画画的年纪，可是她并没有把画画当作老年的消遣，而是作为一种必须全力以赴的使命来完成。从小就失去读书机会的摩西奶奶，12岁就在别人家当帮佣，成年后又一直为家庭、丈夫、子女而付出。直到76岁她痛苦地发现，她一生都要在碌碌无为中度过了，于是她拿起笔把画画当

正在作画的摩西奶奶

作晚年的事业。她在80岁的时候就举办了第一个画展，在100岁的时候用自己的经历和话语启蒙了日本著名的作家渡边淳一。直到摩西奶奶101岁去世之前，她的2500多幅画先后在美国160多个展览会上出现，并且在国外举行了五次个人画展，画作被美国九个博物馆和维也纳国家画廊收藏。

发现你的天才

哪怕像摩西奶奶那样到白发苍苍的时候才发现自己的天才，但是只要能够全力以赴做真正的自己，在任何时候都不算太迟。比如法国一位名叫让娜的妇女，她曾经对运动没有丝毫兴趣，却在60岁的时候突然对柔道产生了兴趣，于是她开始了严格的柔道系统训练。让娜88岁的时候获得了柔道的最高奖赏，直到90多岁，她每天都还在坚持着11个小时的体能训练。即使步入老年，只要能够发现天才做真正的自己，依然能够为自己带来源源不断的动力。不管是安静的绘画，还是需要付出大量体能的运动，或者是其他行业，只要想去做真正的自己，并愿意为此全力以赴，就一定能够得到意想不到的收获。

带上假面的人，在虚假的自己中不仅会丢失自己的天才，还会使目标变得更加遥远，使成功变成虚假的幻想，所以必须做真正的自己。只有做真正的自己，才会让自己为了定下的目标全力以赴。

成功人生必要追随你内心的声音

人生总是要面临着许多选择的十字路口，每一次选择几乎都没有回头路可走，每一次选择都会影响人生的最终成果。那么，面临十字路口的时候我们该如何选择，才不会让自己后悔，让自己离成功更近一步？最好的办法就是追随自己内心的声音，把内心作为向导来选择应该走的路，因为内心的声音实际上就是来源于自身天才所发出的声音。就像比尔·盖茨听从内心的声音，毅然从美国哈佛大学退学，与志同道合的朋友一起创办微软公司一样，所有的成功者必定都会去仔细倾听自己内心的声音，并依据内心的声音选择自己真正想走的道路，实现自己真正想要实现的目标。

在现实生活中，外界嘈杂的声音总会影响人倾听自己内心的声音。因为他人的思想以及行为方式总会在某些方面影响自己，甚至会不受控制地产生想要模仿成功者的想法和行为，然而没有自己想法的模仿总是会带来失败的结局。被外界环境感染做出的行动，等同于被外界摆布。忘记倾听自己内心的声音，没有自我主见，只会成为失败者，进而被社会逐渐淘汰。

在直板手机的时代，诺基亚无疑是最大的霸主。但是随着翻盖手机的风靡，诺基亚却没有做出相应的改变，只是死板地开发直板机，结果导致诺基亚直板手机的销售量一落千丈。在苹果公司的智能机iPhone 4出台后，诺基亚想借助智能机的浪潮超前追赶，于是它也开始研发智能机以及有关智能机的一系列服务。然而可惜的是，诺基亚的智能机应用商店只是在模仿苹果的iOS商城。当时的诺基亚完全沉浸在对苹果的模仿中，甚至对安卓系统的崛起丝毫不关注，最终导致诺基亚的智能机市场也变得无比萧条。

诺基亚的失败是注定的，因为诺基亚总是被眼前的环境影响，甚至因为眼前的影响因素忽略了未来发展的可能性。不管是企业还是个人，虽然跟随着外界环境做出适当的改变是一种正常现象，但是像诺基亚这样被外界环境干扰太深，甚至蒙蔽了双眼，不去倾听内心的真正想法，反而会导致在成功的道路上迷失方向。因此，无论是个人、企业，还是已经获得成功的行业领袖，都要去倾听内心真正的想法，尽量避免被外界环境所干扰。

在倾听内心之后，就要勇敢地去追随内心，选择内心指引的方向。很多人在看到他人的成功之后，时常会产生迷茫的情感，进而对自己的内心产生怀疑，最后变得摇摆不定。只有勇敢、坚定地追随自己内心的声音，相信自己的天才，才能选择真正的成功之路。

史蒂夫·乔布斯一生痴迷于禅，他曾经面临着两个选择：第一，去日本出家，真正把身心都奉献给禅。第二，留在美国继续为企业奉献。他的精神导师、日本著名禅师乙川弘文告诉他："按照自己的初心生活吧！不必非要到深山里坐禅，能把眼前的事情做好，同样是禅修。"于是，乔布斯选择了留在美国，继续完善他的企业。哪怕苹果公司因为观念不合，将乔布斯赶出去，他仍然没有放弃自己的初心。对于追随初心，乔布斯曾说："成就一番伟业的唯一途径，就是热爱自己的事业。如果你还没能找到让自己热爱的事业，继续寻找，不要放弃。跟随自己的心，总有一天你会找到的。"

正是因为乔布斯一直都在追随着自己的内心，所以在苹果公司遇到危难的时候，乔布斯毫不犹豫地选择回归"背叛"过他的苹果公司。因为乔布斯的初心指引着他，同时他也在倾听自己内心的声音，并且跟随着自己的内心做出行动。内心让他留在美国，于是他选择放弃出家；内心让他选择苹果，于是他自愿回归苹果公司；内心让他热爱事业，于是他把一生的激情都奉献给苹果公司……乔布斯跟随着自己的内心，找到的不仅仅是他热爱的事业，还有迈向成功的道路。他在内心选择的成功之路上一路前行，无论发生怎样的变动，哪怕遇到困难、失败，甚至是被深爱的事业背叛，他依然不动摇地选择全力以赴地付出。因此，乔布斯这位天才企业家，才能取得能够改变世界的成功。

　　任何能够取得成功的人，一定都是追随自己内心声音的人。即使是被世界承认的天才，或者已经在某个行业有所收获的成功者，也一定要追随自己内心的声音，并以内心的声音为指引，专注于自己的天才，为了自己的目标全力以赴。

天才的可贵在于努力发挥

每个人都拥有自己的天才，每个人都能够发现自己的天才，而决定天才差别的主要原因就是发挥。虽然外界的环境、条件在一定程度上也影响了天才的发挥，但是自身的努力付出、全力以赴才是天才是否真正发挥的关键。

所有人都爱天才，所有人都向往成为天才。发现天才并没有多数人想象中的那么困难，只要愿意付出努力去挖掘自己的潜能，就能够发现自己的天才。在发现天才之后，如果马上放弃努力很快就会堕落成普通人。如果一直放任自己，不去树立目标，不去朝着正确的方向做出任何行动，天才甚至会变得比普通人更加悲惨。最典型的莫过于《伤仲永》的故事。

宋朝时期，金溪有个叫方仲永的孩子，家里世世代代都是以种田为生的。但是，仲永长到五岁的时候，突然跟家里人哭着闹着要写字的工具。他的父亲从邻居那里借来了纸和笔，仲永立刻拿起笔在纸上写下了四句诗，并题上了自己的名字。从此，方仲永"天才"的名声就传开了。连著名文学家王安石都听过他的传奇故事。有一年，王安石跟随父亲回到家乡，在舅舅家见到了方仲永。那个时候，方仲永已经十二三岁了。王安石让他作诗，看后王安石觉得他写的诗已经不能和他小时候的名声相称了。又过了七年，王安石问起方仲永的情况，听到的答案是："和普通人没有什么区别了。"

王安石以《伤仲永》为题，却全文未见一个"伤"字，可见他对一个原本天赋远超一般有才能的人的孩子最终却因为不努力而"和普通人没有什么区别了"的感伤。

正如京剧表演艺术大师梅兰芳所说："天分高的人如果懒惰成性，亦即不自努力以发展他的才能，则其成就也不会很大，有时反会不如天分比他低些的人。"

努力是发现天才的动力，任何天才的诞生都是建立在不断努力的基础上。无论是普通人还是天才都不能离开努力，只有努力才能成就天才，才能成就所有的人。

美国诗人罗伯特·洛威尔说过："做我们的天赋所不擅长的事情往往是徒劳无益的，在人类历史上因为做自己所不擅长的事情而导致理想破灭、一事无成的例子不胜枚举。"洛威尔所说的"擅长"就是源自人的天才。世界上所有的成功者一定都是在发现天才的基础上，朝着天才指引的方向不断地努力发挥自己的天才，才会取得巨大的成功。

出生于克罗地亚的现代钢琴演奏家马克西姆·姆尔维察，是世界公认的钢琴天才，也是音乐界公认的成功者。实际上，这位钢琴天才的背后也付出了许多努力，甚至在常人想不到的状态下，他依然坚持练琴。1990年，克罗地亚战争爆发，姆尔维察和他的老师被困于地窖八天。在如此恶劣的环境下，姆尔维察依然坚持每天练琴七个小时，甚至在战火中举行音乐会。在钢琴上的全力以赴，让姆尔维察成为享誉世界的钢琴家。

湖南卫视曾经邀请姆尔维察亲临现场，与当时只有八岁的"神童"罗小特现场比赛，合作演奏姆尔维察的钢琴曲《野蜂飞舞》。让人难以想象的是，罗小特的演奏和姆尔维察不相上下。"神童"罗小特之所以能够拥有如此完美的演技，除了他本身具备的钢琴天才之外，就是依托于他的努力。他四岁开始练琴，不需父母的督促就能保证每天四五个小时的练琴时间。在漫长的苦练下，

发现你的天才

罗小特无时无刻不在全力以赴地努力发挥着自己的天才、热情以及他对钢琴的爱。

姆尔维察凭借自己的天才，在不断的练习中成为真正的"魔幻钢琴家"；"神童"罗小特凭借自己的天才，在全力以赴中成为"钢琴小鬼才"。两个人的共同特点就是他们都是钢琴天才，并且他们都在天才指引的道路上付出了大量努力。这种全力以赴的努力，不仅是姆尔维察和罗小特的可贵之处，同时也是所有天才的可贵之处。

决定天才的分水岭就是努力发挥。努力发挥的天才会不断地上升，直到获得成功；不愿付出努力的天才，即使在发现天才的前提下，不去为天才做出任何努力，也会失去成功的可能性，甚至失去已经发现的天才。

专注在自己所做的事情上

是否能够专注在自己所做的事情上，是决定天才成败的重要原因，也是影响天才选择的重要因素。所有能够成功的天才，一定都是专注地在某一件事上全力以赴，并且在专注的过程中不会产生丝毫动摇的心理，更不会在中途去做其他方面的事情。

美国认知心理学家安娜·玛丽·特瑞斯曼说过："如果我们想成功地控制工作和生活，就需要具有足够的专注力。不专注时，人们只能对事物的个别特征进行初步加工；而在专注的情况下，则能精细加工，并将其整合为一个整体。也就是说，只有在专注的情况下，我们才能成功地完成手上的任务。"不仅在工作的时候被外界干扰会影响做事的结果，做任何事情如果被干扰，都会为结果带来一定的损失。因此，任何人在做任何事，都要学会避免干扰，这样才能保证最终的结果是成功的。

长期坐在办公室里的员工，总是容易被周围的事情分散注意力。有调查发现，普通的员工每做3分钟的事情，就要把1分钟分散到别的事上，比如看手机、回复邮件、翻阅新闻等。美国甚至将这些层出不穷的干扰因素视为信息经济上的"软肋"。纽约市商业研究公司BaseX（数据库）统计，这些干扰因素所耗费的时间占到了美国普通员工一天工作时间的28%，而它们一年浪费掉的生产力价值6500亿美元。

容易被外界干扰的普通员工，几乎浪费掉了三分之一的上班时间。所有浪费的时间加在一起，不仅会给公司和国家带来损失，还会造成个人的损失。无法专注的人，哪怕发现了自己的天才，也没办法在自己的天才上专注下去，更不会专注地去做当下的事。就像普通的员工一样，总是会在不经意间被外界的干扰转移注意力。因此，一定要学会避免干扰，专注地去做一件事，才能把事情做得更好，使收获最大化。

避免干扰、学会专注最重要的就是在发现天才的基础上，确定我们要做的事。日本心理学家筱原菊记说过："我们必须对信息有所挑选，并决定做什么、不做什么。"决定让人做什么、不做什么源自天才的指引。只有在发现自己的天才的基础上，才能确定未来前进的方向，才能让人找到自己应该做的事情。

2014年的央视春晚上，著名舞蹈家杨丽萍的外甥女小彩旗在舞台上"一转成名"。当时的小彩旗只有15岁，她在春晚的舞台上并不是简单地旋转，而是持续旋转了四个小时。年纪那么小的孩子，让她坚持旋转四个小时，除了她本身就是舞蹈天才之外，就是她对一件事的专注。小彩旗四岁的时候，看到姨妈杨丽萍练舞，就被舞蹈深深地吸引了。小彩旗跟妈妈杨丽梅软磨硬泡，甚至母女两人冷战了一个月，妈妈才同意让她在《云南印象》的舞台上进行第一次表演。此后，在《云南印象》全国100多场演出中，小彩旗用她旋转的舞姿征服了所有的观众。在100多场演出中，许多成年演员都觉得过于劳累难以坚持，小彩旗却凭借强大的专注力坚持了下来。

小彩旗毫无疑问是一名舞蹈天才，并且她对舞蹈也非常专注。从她四岁被杨丽萍的舞姿吸引开始，再到跟她的妈妈杨丽梅提出学习舞蹈，最后到《云南印象》舞台上的无数次旋转，小彩旗都投入了极大的专注力。在不断地专注跳舞、专注旋转之下，2014年的春晚她才能坚持旋转四个小时，成为所有人心目中的"春晚小陀螺"。因为小彩旗专注于她的天才所指引的方向，所以才能一直坚持，直到获取成功。

如果能够拥有像小彩旗那样的专注力，所有人都可以让自己正在做的事情的结局变得更加完美。因为专注决定了天才做事的质量，也决定了天才获得成功的质量。就像在某一领域里取得不同成就的人一样，有些人的成就只能局限于某个产品或者某种技术，有些人的成就却能改变世界。虽然不同方面的天才和不同的事情，都会造成结果不同，但是那些都是次要因素，真正造成差异的主要原因就是专注力的不同。无论在何种条件下，专注总是决定做事质量的最大因素，只有专注的人才能把事情做得更好。

天才是一个人做事的指南针，按照指南针的指引就一定不会走上错误的道路；努力是一个人做事的动力，有动力才能不断前进；专注则决定了一个人做一件事的质量，有专注才能保证事情做完后有保障。所以只有真正专注在自己所做的事情上的人，才能变得更加优秀。

热爱自己最擅长的事

发现自己的天才，不一定只发现某一项领域的天才，有些人会同时发现自己在不同的领域都具备一定的天才。然而为了专注做好自己正在做的事情，拥有多方面天才的人往往很难同时发展，总需要有轻重缓急的选择。为了让自己能够更好、更平稳地前进，必须从多方面天才所指引的道路上，发现自己最擅长的事，并热爱自己最擅长的事。以最擅长的事情为核心，以热爱为黏合剂，将其他方面的天才逐步与最擅长的事慢慢黏合，最终让自己分裂的天才成为一个整体，将成功的果实培养得更加丰硕。

发现最擅长的事，可以结合发现天才的方式，从爱好、特长中寻找，也可以在不断尝试中寻找。然而与发现天才不同的是，最擅长的事只能有一个，并且要确保自己能够专注于这件事，为这件事不断地付出努力，全力以赴。

《掌握法国菜的烹饪艺术》的作者茱莉亚·查尔德是一名地道的美国人。实际上，查尔德最开始想成为一名作家，所以她在毕业后选择做广告文案。可是后来她发现，这份工作并不是她想要的，因为这份工作并不能给她带来"满足感"。随着"二战"结束，她随丈夫移居法国，马上就被精致的法国菜征服了。茱莉亚·查尔德37岁正式开始学习烹饪，1961年在美国出版了影响整个美食界的《掌握法国菜的烹饪艺术》一书，在美国掀起了法国菜的烹饪浪潮。1963年，查尔德成为"法国大厨"美食节目的主持，她热情洋溢的主持风格与精湛的烹饪技艺，让她成为家喻户晓的美食节目主持人和名厨。

　　茱莉亚·查尔德毫无疑问是写作、烹饪、主持方面的天才，而最初的写作没有让她获得成功的原因，就是当时的她还没有发现自己最擅长的事情。直到茱莉亚·查尔德开始学习烹饪才真正找到了自己最擅长的事。她曾说："我烹饪的次数越多，我就发现自己越爱烹饪。"她在不断地烹饪中，发现了自己最擅长的事，并且以此为出发点，结合她在写作、主持方面的天才，获得了许多意想不到的收获。如果所有的天才都能像茱莉亚·查尔德一样找到自己擅长的事，那么就等于为自己取得成功选择了一条近道。

　　人能够从某件事中获得快乐和幸福的基本条件，就是热爱这件事。热爱会让人全力以赴，进而在某件事上取得成功，并且会为人带来加倍的自豪感与强烈的幸福感。如果初次尝试的成果并没有想象中的那么好，甚至面临着失败的困局，热爱依然能够让人不放弃，给人反复尝试的动力。只要发现了自己的天才，做的事是自己最擅长的事情，哪怕最初失败了，依然会怀着热爱的心不断地专心尝试，最终获得理想中的成果。

　　一位美国的艺术家拉·波莱特，花了25年的时间来雕刻一个位于新墨西哥州的洞穴。拉·波莱特被人们称为"洞穴挖掘者"，而他用了几十年的时间，来雕刻洞穴中的砂岩峭壁，直至一点一点地把这些岩壁雕刻成他想要的形状。对于拉·波莱特来说，雕刻是一种修行，也是一种爱。他用他全部的爱把原本黑暗的洞穴打造成了全新的世界。这位孤独的"洞穴挖掘者"说过："当你做着自己喜欢的事情并被它吸引时，就愿意一直做下去。有的时候，我觉得自己像一个考古学家，去发掘一些已经存在的东西。"

　　拉·波莱特的故事已经被拍成了纪录片——《关于拉·波莱特的洞》。与此同时，媒体把拉·波莱特视为一位伟大的"环境艺术家"。拉·波莱特在洞穴里雕刻的时候，只能靠着洞顶微弱的光芒来照明，而促使他完成洞穴雕刻的最大动力，就是他对洞穴雕刻的热爱。哪怕在看不见的情况下，他也能凭借一颗热爱的心来完成他的目标。因为照亮成功道路的并不是外界的自然光，而是他内心对所做的事情的热爱燃烧出的火焰。正因为他热爱着自己最擅长的事情，所有才愿意一直做下去。热爱自己所擅长的事，不仅仅是雕刻洞穴必备的精神，还是所有天才雕刻未来必备的重要因素。

日本著名的企业家稻盛和夫按照热情的程度，把人分为三类——自燃性的人、可燃性的人、不燃性的人。这里所谓的"燃性"，就是指对事物的热情。自燃性的人是指，最先对事物开始采取行动，将其活力和能量分给周围的人。可燃性的人，是指受到自燃性的人或其他已活跃起来的人的影响，能够活跃起来的人。不燃性的人是指，即使从周围受到影响，也不为所动，反而打击周围人的热情或意愿的人。

日本著名企业家稻盛和夫

所有能够站在某一领域顶端的人，无疑都是"自燃性的人"。因为这些人在找到自己擅长的事情后，马上就开始专注地投入其中，甚至能够以自己的热爱点燃其他"可燃性的人"。而依靠他人才能活跃的"可燃性的人"，可能在一定的程度上获得成就，但是绝对不可能把握发现自身天才的先机，成为站在领域顶端的成功者。"不燃性的人"可能拥有自己最擅长的事，然而绝对不会去热爱自己最擅长的事，甚至他们不会热爱任何事。因此，"不燃性的人"只能成为社会底层的人员；"可燃性的人"可能会拥有自己稳定的事业，但是他们不会去主动追逐成功；"自燃性的人"才能在热爱自己最擅长的事中，成为真正的成功者。

只有热爱自己最擅长的事，才能够专注于最擅长的事，才能让自己为最擅长的事全力以赴。热爱是一种态度，是保障心理的希望之火不灭的能源，所以热爱自己最擅长的事才能保障自己能专注于天才，并从发现天才中找到自己生命的意义。

超越自我，把天才发挥到极致

人生总是要面对许多艰难，哪怕已经发现了自己的天才，并且为之付出了极大的努力，也不能完全避免未来可能出现的困难局面。想要打破所有的艰难险阻，除了要去做自己擅长的事之外，还必须在每一次困难面前超越自我，并且把天才发挥到极致。发现天才能够帮助我们选择一条通往成功的正确道路，专注在自己所做的事情上可以让天才变得更加优秀，热爱能够成为天才全力以赴的心灵能源……只有超越自我才能让天才真正地全力以赴，把天才发挥到极致来突破眼前所有的困难。因此，想要真正地做到靠近成功，就必须超越自我，把天才发挥到极致。

犹太人有一句经典名言："超越别人，不如超越自我。"这句话不仅阐述了成功者能够超越其他成功者的原因，还展示了真正的成功者在面对困难时的做法。比如在遇到竞争对手的时候，有些人喜欢用打击竞争对手的方式来削弱对方的力量，进而让自己取胜；有些人则会从自己的身上入手，以增强自身竞争实力的方式来战胜对手。选择的方式不同，也决定了成功的等级不同——用削弱他人这种方式的人，最终的目的只是超越别人，当这些人面对更加强大的竞争者和困难的时候，就会无力应对；以增强自身实力来超越别人的人，实际上就是超越自我，这类人在面对更加强大的竞争者和困难的时候，才有可能不断地以超越自我的方式完成一次又一次的突破。

人生的逆境不会在成功后就消失，哪怕是已经取得巨大成功的成功者，也会在瞬间丢失自己成功的果实。死守过去的成功并不是在逆境中最好的做法，只有坦然面对逆境和失败，怀揣超越自我的想法，全力以赴地极致发挥自己的天才，才能在失去成功的果实之后再次振作，继续按照天才指引的方向一直前进。

拥有亿万资产的商业领军人物施利华，是一位泰国商人。然而这位精明的商人也并非一帆风顺，他经历过对多数商人来说最沉痛的打击——破产。他曾经是一家股票公司的经理，他为这家股票公司赚了足够的钱之后，因为"玩腻了股票"去炒房地产。他把全部的家当都投入房地产中后，因为1997年7月的金融风暴，他迅速破产了，甚至还背负了一身的债。在施利华经过了几个月的自我恢复之后，他从做三明治沿街叫卖开始再次起家。"施利华三明治"受到了极大的好评，施利华沿街叫卖的小本生意越做越好，让他再一次看到了人生的希望。1998年，泰国《民族报》评选"泰国十大杰出企业家"，把施利华放在了所有上榜企业家中的首位。

对于商人来说，最大的打击莫过于破产，施利华虽然为破产消沉过，但是他最终还是完成了自我超越。从卖三明治开始，他又为自己找到了希望，不仅从制作三明治中发现了自己做三明治的天才，还靠着"施利华三明治"再次起家成为"泰国十大杰出企业家"的第一名。从破产到完成一次自我超越，并不是所有人都可以做到，只有全力以赴地付出的人，才能完成这样的突破。如果施利华没有超越自己全力以赴地制作三明治、全力以赴地把三明治卖出去，那么即便是曾经叱咤风云的商界大亨，在破产之后也很难再次获得成功。

超越自我，把天才发挥到极致，是天才在成功的道路上面对失败、困难的最优应对措施，也是成功者在面临逆境时，突破逆境化茧成蝶的唯一方式。只有从自身出发，看到自身的优势和局限，以此为突破点把天才发挥到极致来超越自我，才能让成功在任何时候都能如影随形地跟随自己。

全力以赴，成就最好的自己

发掘自己的天才，专注于自己的天才，并为此全力以赴，就能够获得自己想要的成功。当一个人成功的奖励越丰厚，获得的也会越多，也就不会为失去的一点东西而暴躁、心烦。同时，在成就自己的道路上的所有付出，也会使人变得心胸宽广。当一个人的心足够宽广、足够热情，成就足够庞大，心灵和身体的力量就会更加强大，就不会为外界的干扰分心，更不会为他人的不理解而失落。强大的力量，也会成为未来道路上不断超越自己的基础力量。基础越雄厚，根基就越牢固，进而在面对逆境时就不会被轻易打倒。

美国哈佛大学的戴维·麦克利兰教授，花费20年研究人的需求以及需求动机，得出了一套"成就需要理论"，又称为"三种需要理论"。他认为在生存需要基本得到满足的前提下，人最主要的需要有成就需要、亲和需要和权力需要三种平行的需要。这三种需要在人们的需要结构中有主次之分，作为人们的主需求得到满足以后往往会要求更多、更大的满足。也就是说，拥有权力者更追求权力，拥有亲情者更追求亲情，而拥有成就者更追求成就。同时，他认为其中成就需要的高低对人的成长和发展起到特别重要的作用，所以很多人称其理论为"成就需要理论"。

戴维·麦克利兰认为，高亲和力的人容易"因为讲究交情和义气而违背或不重视管理工作原则，从而会导致组织效率下降"；高权力需求是出色管理者必备的素质之一；拥有高成就需求的人，是影响企业、国家高速发展的重要因素。无论如何，多数人都无法避免对这三种需求的渴望，特别是已经获得成功的成功者，或者即将成功的天才，可能还会同时具备高亲和需求、高权力需求、高成就需求的特点。而想要同时满足这些需求，就必须全力以赴地成就最好的自己。只有不断地地完善自己，不断地突破自己，让自己变得更加完美，才能更好地满足自己的需求。

全力以赴是所有成功者必备的素质，但是所有的全力以赴都是建立在发现天才的基础之上所做出的努力。在全力以赴之前，一定要发现自己的天才，无论是在爱好、特长中发现，还是在不断地尝试中发现，都必须要真正地找到自己的天才，并根据天才指引的方向定下自己的目标，才可以踏上追求成功之路。

戴维·麦克利兰还有一个著名的冰山模型。在这个模型中，他把人的素质描绘成一座冰山，这座冰山分为"水面之上"和"水面之下"两个部分。水上的部分是表象特征，指的是人的知识和技能，通常容易被感知和测量。水下的部分是潜在特征，主要指的是社会角色、自我概念、潜在特质、动机等，这部分特征越到下面越不容易被挖掘与感知。经过深入研究之后，麦克利兰领导的研究小组发现，从根本上影响个人绩效的是素质，具体来说就是类似成就动机、人际理解、团队影响力等因素。

戴维·麦克利兰的冰山模型中，埋藏在冰山下的部分就是人类未挖掘的潜能，而天才很可能就和这些潜能一起被埋没于水下。浮在水面上的知识和技能只是多数人在日常生活和工作中所表现出的，而发现自己的天才的人则会暴露出更多的知识和技能，所以天才的"冰山"会比普通人的更庞大。然而，天才只有庞大的"冰山"还不够，还需要继续挖掘全力以赴的精神。只有愿意为未来的成就、成功的目标全力以赴的天才，才能真正专注于自己走的路和做的事情，进而获得理想中的成就。

发现天才是成功的开始，极致发挥是成功的保障。只有在发现天才的情况下，通过自己的努力、热情全力以赴地追逐，才能做到极致发挥，进而使自己离成功更近一步。同时，已经获得成功的人，也不能因为一时的成就而放弃全力以赴，或者偏离天才指引的道路。对于多数成功者来说，甚至要比多数普通人以及多数天才付出更多的努力来超越自我，才能保障自己能够怀抱成功一路前行。

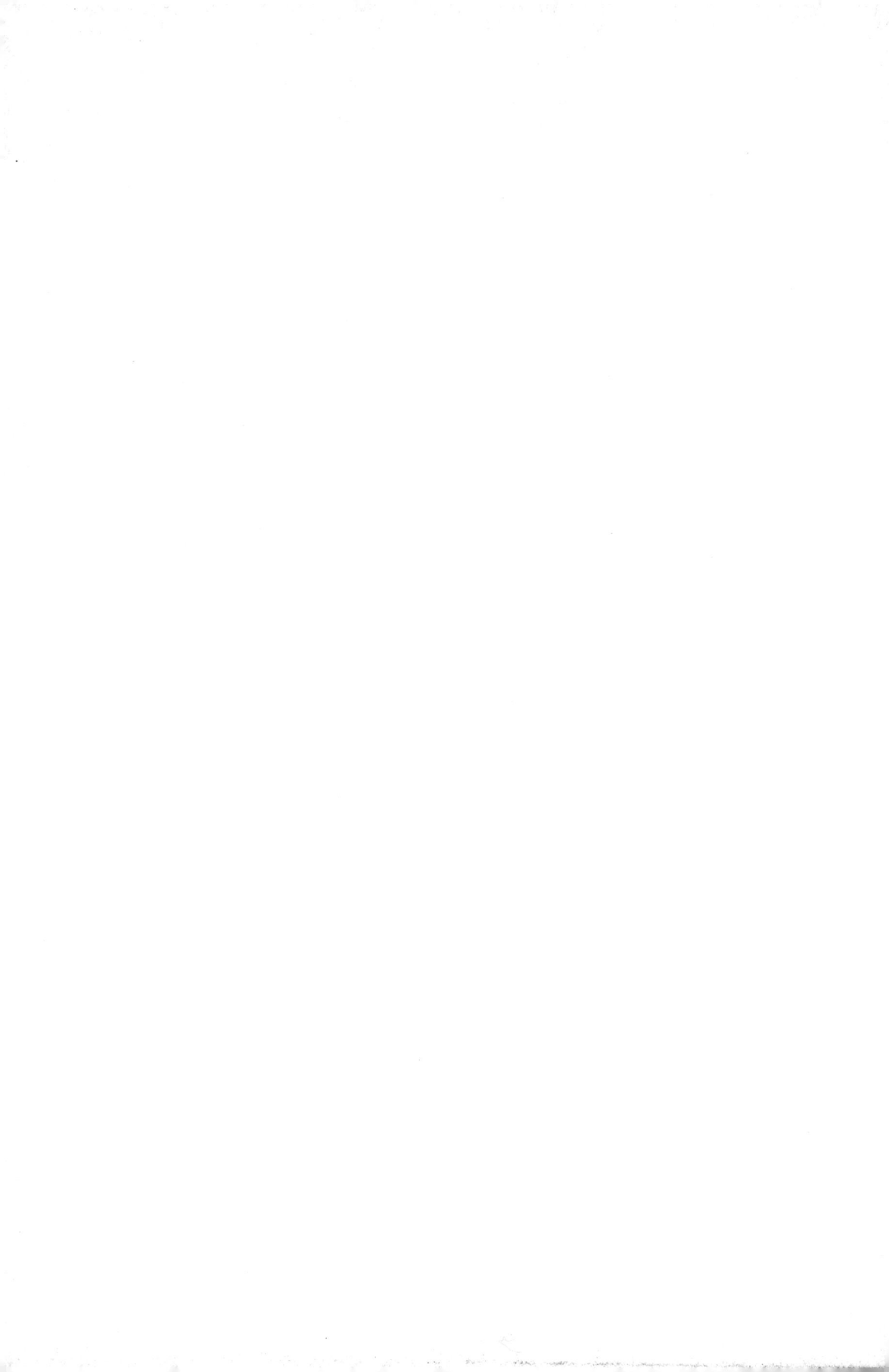